AF609702

LOUIS TIERCELIN

MÉMORIAL DES FÊTES FRANCO-CANADIENNES POUR L'ÉRECTION DU Monument de Jacques Cartier

Saint-Malo et Paramé, 23 et 24 Juillet 1905

EDITION DE L'HERMINE
KERAZUR, PARAMÉ

1905

MÉMORIAL DES FÊTES DE JACQUES CARTIER

23 et 24 Juillet 1905

DU MÊME AUTEUR :

POÉSIE

Les Asphodèles.
Primevère, poème.
L'Oasis.
Les Anniversaires.
La Mort de Brizeux, poème.
Les Jongleurs de Kermartin, poème.
Les Cloches.
Le Parnasse Breton contemporain, en collaboration avec J.-Guy Ropartz.
Le Livre Blanc.
Sur la Harpe.
La Bretagne qui chante.

THÉATRE

L'Occasion fait le Larron, comédie en un acte, en vers (Théâtre de Rennes).
L'Habit ne fait pas le Moine, comédie en deux actes, en vers (Théâtre de Rennes).
Marguerite d'Ecosse. poème dramatique, en un acte, musique de J.-Guy Ropartz (Théâtre d'Application).
Les Noces du Croque-Mort, comédie en un acte, en vers.
L'Heure du Chocolat, proverbe en un acte, en vers (Salle Herz).
Un Voyage de Noces, drame en quatre actes, en vers (Odéon).
Stances à Corneille (Comédie-Française).
Le Voisin de gauche, comédie en un acte (Salle Herz).
Les Aveux difficiles, comédie en un acte (Salle Herz).
Corneille et Rotrou, comédie en un acte, en vers (Odéon).
Le Rire de Molière, à-propos en un acte, en vers (Comédie-Française).
Fethlène, drame lyrique en un acte (Musique de J.-Guy Ropartz).
Pêcheur d'Islande, pièce en cinq actes et huit tableaux, en collaboration avec M. Pierre Loti, musique de J.-Guy Ropartz (Grand-Théâtre).
Le grand Ferré, oratorio en trois parties, en collaboration avec Lionel Bonnemère (Musique de D.-F. Planchet).
Une Soirée à l'Hôtel de Bourgogne, comédie en deux actes, en vers (Théâtre de Rennes).
Mudarra, drame lyrique en quatre actes, en collaboration avec Lionel Bonnemère, Musique de Fernand le Borne (Opéra Royal de Berlin).
Trois Drames en vers : Keruzel (Théâtre des Poètes). — Le Cœur sanglant. — Le Cilice.
L'Abbé Corneille, comédie en un acte, en vers (Comédie-Française).
A l'Epreuve, opéra-comique en un acte, musique de Louis Barras (Casino de Saint-Malo).
Le Diable Couturier, opéra-comique en un acte, musique de J.-Guy Ropartz (Théâtre d'Application).
La Tulipe noire, opérette en un acte, en prose, musique de Louis Barras (Théâtre d'Angers).
Le Secret de Molière, comédie en un acte, en vers (Odéon).
Le Sacrement de Judas, drame en un acte (Théâtre du Grand Guignol).
Le Sacrement de Judas, drame en trois actes (Comedy-Theatre, Londres),
Ar Mor, poème (Comédie-Française).
Nominoé, drame en cinq actes, en vers.

PROSE

Amourettes, nouvelles.
La Comtesse Gendelettre, roman.
La Bretagne qui croit, pardons et pèlerinages.
Bretons de lettres.

LOUIS TIERCELIN

MÉMORIAL DES FÊTES FRANCO-CANADIENNES

POUR L'ÉRECTION DU

Monument de Jacques Cartier

Saint-Malo et Paramé, 23 et 24 Juillet 1905

EDITION DE L'HERMINE
KERAZUR, PARAMÉ

1905

Cliché de M. le Docteur Hervot.

SUR LA HOLLANDE

MÉMORIAL DES FÊTES FRANCO-CANADIENNES

POUR L'ÉRECTION DU

MONUMENT DE JACQUES CARTIER

AVANT LES FÊTES

Sous ce titre *Les Etapes d'une Statue,* le journal *Le Salut,* de Saint-Malo, dans son numéro du 21 juillet, retraçait brièvement l'histoire du monument « élevé à la gloire d'un grand homme par ses concitoyens ». Jamais, dit-il, « monument ne suscita plus d'incidents ; aucune statue sans doute n'eut d'histoire plus agitée ».

Nous ne reproduirons pas ici cette « page d'histoire », tout en reconnaissant avec *Le Salut* qu'il pouvait être intéressant de la retracer. Ce livre sera consacré uniquement à l'érection magnifique de la statue de Cartier et non aux incidents pénibles, à travers lesquels nous nous sommes lentement acheminés vers notre but. Il ne veut être que le témoignage d'une grande fête, où le Canada et la France se sont unis. Il doit marquer seulement l'adhésion finale de tous, pour une apothéose qui a resserré des liens d'amitié, fixé des souvenirs mémorables et provoqué des élans enthousiastes, dans cette ville de Saint-Malo, où ces grands mots, gloire et patrie, depuis des siècles, ont provoqué tant de belles actions et susciteront toujours de généreuses sympathies.

Nous prendrons toutefois, dans ce numéro du *Salut*, quelques « témoignages mérités » que notre ami M. François Bazin décerne à ceux qui plus particulièrement se sont dévoués à l'entreprise de ce monument. Commencée en 1899, elle n'a pu aboutir qu'en 1905.

M. F. Bazin écrit :

La première pensée d'un monument à Jacques Cartier est due à l'ancien curé de Saint-Malo, le très vénérable abbé Bourdon, qui, en mourant, voulut qu'il fût prélevé sur son modeste héritage une somme de 100 francs destinée à la souscription qui s'ouvrirait en vue de l'érection d'un monument à Jacques Cartier.

Le Salut se fit dès cette époque le porte-voix et l'écho de la pensée du saint prêtre, en faisant appel au culte des Malouins pour leurs grands hommes, en faveur du découvreur du Canada. Dès cette époque aussi, dans le but de créer un courant en l'honneur de Jacques Cartier, nous publiions en feuilleton un roman inédit, dû à la plume d'une de nos distinguées compatriotes, roman dont il était le héros.

Il n'est que juste, en effet, de constater l'appui prêté par *Le Salut* à l'œuvre du monument. Toute la presse s'y est dévouée, mais il faut reconnaître que *Le Salut* a pris la tête de ce mouvement de sympathie et n'a rien ménagé pour aider au succès final.

Les journaux canadiens, *La Presse* et *La Patrie* surtout, nous ont apporté l'appui de leur grande publicité. Le *Paris-Canada* nous a ouvert largement ses colonnes.

Dans un article intitulé *Les deux « Hermine »*, M. F. Bazin fait ensuite un piquant parallèle entre l'une des caravelles de Cartier et la Revue que je dirige.

L'une est l'humble caravelle qui, partie de Saint-Malo, s'en alla à la découverte d'un nouveau monde pour le compte de la France et du Christianisme.

L'autre est la Revue littéraire qui s'en va explorant les villes et les villages bretons, y suscitant de jeunes talents, leur donnant l'essor, enrichissant ainsi d'œuvres nouvelles le patrimoine intellectuel de la Bretagne et s'appliquant à justifier sa gracieuse devise : *Bretagne est Poésie.*

Le navire explorateur était commandé par le Malouin Jacques Cartier.

La Revue littéraire bretonne a été fondée et est dirigée par le poète Louis Tiercelin.

Or, il se trouve que, par suite de circonstances que les Malouins se rappellent, le président du Comité qui érige une statue au commandant de la *Grande Hermine* est le directeur de la Revue du même nom.....

Le *moi* est trop haïssable pour que je reproduise intégralement ces lignes trop aimables. On voudra bien excuser, à cet égard, la mention de mon nom à travers ces pages ; je veillerai à ce qu'elle n'y soit faite que dans la mesure indispensable au récit.

En revanche, il m'est particulièrement agréable de reprendre encore au *Salut* l'éloge de M. Charles Jouanjan, maire de Saint-Malo, sans qui la réalisation de notre projet n'aurait certainement pas abouti ; de M. Pointel, trésorier du Comité, qui fut toujours sur la brèche, mais qui, particulièrement, dans les derniers coups de feu de l'action, pendant « la grande semaine » qui a précédé la fête, a été, dans une mesure qu'il est impossible de dire, l'ardent et habile organisateur de la victoire.

Notre ami Louis Boivin, qui fut à la peine, n'a pu se trouver à l'honneur. Il a été le plus dévoué secrétaire, l'infatigable boute-en-train, croyant et faisant partager sa foi, luttant pour le succès jusqu'au jour où la maladie l'a terrassé. Ce fut un deuil pour nous ; une tristesse pour notre œuvre. Du moins, l'œuvre fut achevée et, en même temps, pour notre ami, la convalescence est commencée. Qu'il trouve ici l'expression de notre gratitude, de nos regrets et maintenant de notre joie à la nouvelle de son prochain rétablissement.

M. F. Bazin écrit :

Après avoir indiqué la large participation qu'a eue M. Louis Tiercelin à la réalisation du projet de monument à Jacques Cartier, qu'il fut des premiers à saluer dans l'*Hermine,* ce n'est que justice de rendre témoignage au dévouement qu'a déployé dans cette entreprise, dès la première heure, M. Jouanjan, qui, maire de Saint-Malo au moment où le projet recevait une première tentative d'exécution, lui manifesta immédiatement sa sympathie, et qui, depuis, aussi bien dans la période des vicissitudes du projet que dans sa période de réalisation définitive, déploya au service de l'entreprise le dévouement d'un bon Français et d'un vrai Malouin.

A côté de M. Jouanjan, nous avons le strict devoir de citer deux hommes qui furent véritablement les chevilles ouvrières de l'entreprise : MM. Pointel, trésorier, et Louis Boivin, secrétaire.

Pendant cinq ans, MM. Tiercelin, Jouanjan, Pointel et Boivin servirent et défendirent l'entreprise, chacun dans son rôle, avec la même volonté de la voir aboutir au succès.

Les trois premiers auront la satisfaction de voir de leurs yeux le couronnement de l'œuvre. Le dernier n'aura pas cette joie. Il a été à la peine, mais ne sera pas au succès. Atteint depuis sept mois d'une maladie dont sa robuste constitution finira par triompher, notre excellent collaborateur et ami Louis Boivin, qui a déployé à la réalisation de l'entreprise toute l'obstination du Breton têtu, n'assistera pas au triomphe de l'idée dont il a été l'un des plus fervents apôtres. Ce n'est qu'une raison de plus pour nous de lui adresser à cette occasion notre souvenir le plus cordial, en souhaitant que, la maladie enfin bientôt vaincue, il vienne reprendre sa place à ce journal, où il est attendu.

Autour de ces dévouements à l'œuvre du monument, il en est d'autres, assurément, qu'il faudrait mentionner. Qu'on nous pardonne de ne pas les citer : ils sont trop. Bornons-nous à constater qu'à cette heure, les concours sont innombrables, et que, suivant toute vraisemblance, grâce à l'union des efforts, les fêtes qui se préparent seront dignes en même temps de Jacques Cartier et du pays malouin.

Il faut, tout ceci posé, faire « une place à part » à Th.

Botrel. Il est coutumier du plus beau geste qui soit, le Geste de Charité. Il est le Poète des Bonnes Œuvres, comme il est le Chantre des Belles Actions. Je ne sais pas de vie plus heureuse que la sienne, tout entière dévouée à l'Art et à la Bienfaisance. Il est acclamé des foules qui l'entendent et béni des foules dont il est le trésorier généreux. Il passe dans un enchantement de gloire et de bonté.

C'est très justement que François Bazin a écrit :

Ce n'est pas par une simple faiblesse de l'amitié que nous avons voulu donner au poète breton Théodore Botrel et à sa gracieuse femme, compagne inlassable de ses tournées et de ses succès, une place à part dans cette distribution de témoignages reconnaissants.

Personne ne contestera qu'ils l'ont amplement méritée.

On se rappelle le joli geste de Botrel, qui, au lendemain d'un succès magnifique remporté par lui au Casino de Saint-Malo en faveur de Jacques Cartier, apprenant qu'une soirée donnée pour les monuments de Cartier et de Surcouf à Paramé avait lamentablement échoué, s'écria :

— Eh bien ! nous irons chanter jusqu'au Canada pour le grand Malouin ; mais, palsambleu, nous verrons bien si Jacques Cartier n'aura pas sa statue. N'est-ce pas, ma douce ?

On sait le reste.

Si la statue de Jacques Cartier se dresse aujourd'hui sur nos murailles, il n'est pas contestable que c'est au bon poète Botrel et à sa jeune femme que Saint-Malo le doit.

Et nous n'aurons pas l'ingratitude de l'oublier.

L'inscription gravée sur le socle de la statue consacrera d'ailleurs ce souvenir, tout à l'honneur du barde au beau courage et à l'âme généreuse.

Et voilà pourquoi, en attendant que nos concitoyens aient l'occasion, durant ces trois jours, de manifester leur sympathie et leur gratitude à M. et à Mme Botrel, nous sommes sûrs d'être leur interprète en souhaitant la bienvenue au couple charmant qui, après avoir attaché son nom à tant de bonnes actions, l'a fixé dans une grande œuvre.

Vive Théodore Botrel !

Je manquerais gravement à la reconnaissance et à la vérité si je ne remerciais à cette place, et, en ma qualité de Président, l'excellent et dévoué Comité dont j'ai pu apprécier mieux que personne le zèle inlassable et l'infatigable dévouement. Je ne crois pas que jamais Comité ait été plus *actif* que le nôtre. En dépit de toutes les difficultés, à tous les appels, quels que fussent le jour et l'heure, les membres du Comité Jacques Cartier sont accourus nombreux; la longueur et la multiplicité des séances ne les ont pas rebutés. C'est à juste titre que, sur le socle de la statue, se lisent les mots de reconnaissance au *Comité Malouin.*

M. Georges Saint-Mleux, président de la Commission des Fêtes, s'est prodigué pour faire face à des organisations multiples qu'il a su mener à bien.

Nous confions à ce Mémorial les noms des membres du

COMITÉ DU MONUMENT JACQUES CARTIER

Présidents d'honneur

M. le Ministre de la Marine.

Sir Wilfrid Laurier, premier ministre du Canada.

M. le Préfet d'Ille-et-Vilaine.

M. le Général commandant la 20e division d'infanterie.

M. le Vicomte E. M. de Vogüé, de l'Académie française.

M. Paul Deschanel, de l'Académie française.

M. le Maire de Saint-Malo.

Prince Roland Bonaparte.

Vice-présidents d'honneur

M. le Sous-préfet de Saint-Malo.

M. le Général commandant la 40e brigade d'infanterie.

M. le Vice-amiral Duperré.

M. le Contre-amiral Buret.

M. le Chef du service de la Marine à Saint-Servan.

M. G. Garreau, sénateur d'Ille-et-Vilaine.

M. La Chambre, ancien député.

M. C. La Chambre, député de la 1re circonscription de Saint-Malo.

M. Robert Surcouf, député de la 2e circonscription.
M. L. Herbette, conseiller d'Etat.
M. Hector Fabre, commissaire général du Canada.
M. le Curé de Saint-Malo.
M. le Maire de Saint-Servan.
M. le Maire de Paramé.

Comité d'action

Président : M. Louis Tiercelin.
Vice-présidents : M. Edmond Saint-Mleux, conseiller municipal.
M. Armand Houitte de la Chesnais.
Trésorier : M. Pointel, conseiller municipal.
Secrétaires : M. Louis Boivin, publiciste.
M. Delestre, conseiller municipal.
MM. R. Aubault, négociant.
F. Bazin, rédacteur en chef du *Salut*.
Bénard, architecte de la ville de Saint-Malo.
Ch. Bodin, professeur à la Faculté de Droit de Rennes.
J. de Boismenu, armateur.
le docteur Botrel.
Th. Botrel, homme de lettres.
E. Bourdas, publiciste.
E. Bourdet, banquier.
H. Caujole, armateur.
Dulac, capitaine au long cours.
Dumont, agent général de la France au Canal de Suez.
L. Giblat, rédacteur en chef de l'*Eclaireur Dinannais*.
E. Herpin, avocat.
le docteur Hervot.
Pierre Hervot, armateur.
A. Le Braz, homme de lettres.
Ch. Le Goffic, homme de lettres.

MM. Le Maillot, professeur.
A. Lemoine, bibliothécaire de la ville de Saint-Malo.
Le Normand, président de la Chambre de Commerce.
A. Leroux, négociant.
L. Mallard, conseiller municipal de Paramé.
le R. P. Ollivier.
J. Peigné, rédacteur en chef de l'*Union Libérale*.
R. Pierre, rédacteur en chef de l'*Union Malouine*.
le docteur Peynaud, conseiller municipal.
Pottier, administrateur de 1re classe de la Marine.
Radenac, notaire.
Reculoux, capitaine de vaisseau en retraite.
G. Saint-Mleux, président du Tribunal de Commerce.
Ch. Saint-Mleux, avoué.
Ch. Turgeon, professeur à la Faculté de Droit de Rennes.
Ch. Vié, rédacteur en chef du *Républicain*.
Viguier, adjoint au Maire.

Grâce à l'effort de tous ceux qui voulurent bien se constituer des collaborateurs zèlés, l'action du Comité s'étendait en France et au Canada. De tous côtés, des lettres d'encouragement et d'adhésion nous arrivaient.

Mlle Hortense Cartier, fille de feu Sir Georges Etienne Cartier, premier ministre du Canada, promettait d'assister aux fêtes et s'inscrivait pour deux cents francs sur mon carnet. MM. La Chambre venaient d'y apporter mille francs. Le descendant d'un filleul de Jacques Cartier, M. Louis Béard du Dézert ; M. E. de la Farelle, dont un arrière grand-père maternel était le frère du P. Jacques Buteux (1), mission-

(1) « Je ne dois obmettre la glorieuse mort du Reverend Pere Jacques Buteux, de la Compagnie de Jesvs, massacré par les infideles Hiroquois dans le Canada, le dixiesme jour de May mil six cent cinquante-deux. Ce Père prit naissance à Abbeville d'une des bonnes familles de la ville, au mois d'Avril de l'année

naire Jésuite, tué au Canada, m'envoyaient leur souscription et leur sympathie.

Les Conseils Municipaux d'Epiniac, de Paramé, de Mont Dol, de La Ville-ès-Nonais, de Saint-Servan, de Dol de Bretagne, de Dinard, de la Gouesnière nous adressaient leur subvention avec le témoignage de leur adhésion à notre œuvre. Le maire de La Fresnais souscrivait personnellement, afin que le nom de sa commune fut représenté sur notre liste. Le Conseil Municipal de Saint-Malo nous votait deux mille francs ; le Ministère de l'Instruction Publique et des Beaux Arts trois mille ; M. Georges Bareau abandonnait en notre faveur le montant des droits de reproduction de son œuvre en cartes postales. Le lieutenant-gouverneur de Québec, Sir L. A. Jetté adressait à Botrel un chèque de cent francs.

Le Conseil Général d'Ille-et-Vilaine nous votait cinq cents francs et son éminent Président m'écrivait :

Monsieur le Président,

Vous avez, avec une ténacité et un dévouement admirables, su grouper autour de vous les concours nécessaires pour consacrer, par un monument élevé dans sa ville natale, la gloire de Jacques Cartier.

Le Conseil Général d'Ille-et-Vilaine ne pouvait demeurer indifférent à votre œuvre et c'est à l'unanimité qu'il a décidé d'y associer notre département.

De tout cœur, je vous remercie de la gracieuse invitation, qu'au nom de votre Comité et au vôtre, vous voulez bien adresser au Pré-

1600 (*) » « .....Il fut envoyé en ces missions de la nouvelle France en 1634..... Il a été le premier qui a porté la lumière de l'Evangile aux Attikomegues, estant une mission la plus laborieuse de tout le Canada..... Il estoit accompagné de quelques Neophites chrestiens lorsqu'il se vit investi d'une troupe d'Hiroquois qui l'attendaient au passage. Ces brutaux ayant fait sur luy la descharge de leurs fuzils, le Père tomba blessé de deux balles à la poictrine, et d'*un* (sic) autre au bras droit qui luy fut rompu. Il fut ensuite percé de leurs espées et assommé à coups de haches..... »

Cf. *L'histoire généalogique des comtes de Ponthieu* (**) *et maieurs d'Abbeville, depuis l'an 1183 jusques à l'année 1657*, à Paris, 1657, chez François Clouzier.

(*) C'est 1599 qu'il faut lire.

(**) Abbeville était le chef-lieu du comté de Ponthieu.

sident et aux membres du Bureau du Conseil. Je la transmets à mes collègues et les prie de vous faire connaître leur réponse.

En ce qui me concerne, j'aurai certainement l'honneur de m'y rendre.

Permettez-moi d'ajouter combien je serai charmé de retrouver à Saint-Malo un de nos poètes les plus justement aimés, aux débuts littéraires duquel je me souviens d'avoir applaudi à Rennes.

Veuillez agréer, Monsieur le Président, l'assurance de mes sentiments les plus distingués.

René Brice.

M. S. N. Parent, maire de Québec, m'adressait la belle lettre suivante, à laquelle était jointe un chèque de cinq cents francs :

HOTEL DE VILLE

—

CABINET DU MAIRE

Québec, 6 juillet 1905.

A Monsieur Louis Tiercelin, Président du Comité du Monument Jacques Cartier, à Saint-Malo (France).

Monsieur le Président,

Le Conseil Municipal de Québec a reçu, dans son temps, votre aimable invitation aux fêtes que vous préparez pour l'inauguration du monument élevé, à Saint-Malo, à la mémoire du célèbre capitaine Jacques Cartier.

Je n'ai pas besoin de vous dire quel puissant écho a réveillé sur les bords du Saint-Laurent, découvert et exploré par l'illustre Malouin, cet appel chaleureux aux descendants des fondateurs et des fils de la Nouvelle-France.

Il est vrai que notre réponse a quelque peu tardé, mais je tiens à vous dire, comme première excuse, que les séances de notre Conseil sont espacées de mois en mois, et, en second lieu, — oserai-je l'avouer? — j'ai cru bien faire en la remettant au lendemain de la célébration enthousiaste que nous venons de faire, sur tous les points du pays, de notre fête nationale française et bien à nous : le 24 juin, jour où l'Eglise commémore Saint-Jean-Baptiste, le patron par excellence de nos ancêtres Bretons, Normands et Saintongeois.

Je voudrais que ma lettre pût vous apporter comme un écho de l'ardeur toute française, avec laquelle nous avons de nouveau, cette année, exalté nos ancêtres, glorifié notre origine, affirmé notre détermination de vivre, de nous développer, en restant toujours et partout catholiques et Français. Dans nos villes et dans nos campagnes déjà florissantes, comme dans les établissements nouveaux, où, la hache à la main, nos courageux et robustes colons reculent chaque jour la limite de nos forêts sauvages, on a partout célébré la Saint-Jean-Baptiste avec un enthousiasme de plus en plus croissant. Ne vous semble-t-il pas que c'est là un prélude bien digne des fêtes qui vont se dérouler bientôt sur la place fameuse de Saint-Malo ?

Du reste, le souvenir de Jacques Cartier a toujours été bien vivant parmi nous. Son nom est inscrit sur maintes plages dans notre carte géographique. Nous avons depuis longtemps la rivière, les chutes, et le lac Jacques Cartier. Une des plus importantes circonscriptions électorales de notre parlement canadien porte le nom de Jacques Cartier. Son nom revit encore dans des institutions financières, dans de puissantes compagnies industrielles, dans des associations de tout genre. On le retrouve sur les places publiques, au coin des rues de nos villes et de nos campagnes, et son image orne les murs de nos maisons de villes, du logement ouvrier, comme de la vaste chaumière des *habitants* de nos campagnes.

Aux environs de Québec est le canton de Valcartier, dont les hameaux, mi-français, mi-anglais, s'étagent dans des sites enchanteurs et pittoresques sur le bas des contreforts des Laurentides.

En 1834, une croix a été plantée solennellement aux portes de Québec, sur les bords de la rivière Lairet, en face de notre superbe hôpital de la marine, pour marquer l'endroit où Jacques Cartier, enfermé dans ses vaisseaux avec ses équipages décimés par le scorbut, passa l'hiver de 1535-1536.

En 1843, tout le Canada s'émut en apprenant la découverte des restes d'un vaisseau que l'on reconnut être la « Petite-Hermine », et c'est de cette année que date l'envoi à Saint-Malo des glorieux débris qui ornent maintenant le musée de votre ville.

En 1889, une foule immense assista à une messe, célébrée en plein air, au même endroit, au milieu d'une pompe militaire essentiellement canadienne et française, par le premier cardinal canadien, Son Eminence Mgr Taschereau, qui bénit ce jour-là une croix monumentale aux armes de François Ier, roi de France et de Navarre, et un superbe bloc de granit dont l'inscription « Cartier-Brébeuf » rappelle à la fois l'hivernement célèbre où se manifesta si bien l'endurance des navigateurs malouins, et la première résidence des Jésuites et leur héroïque apostolat plus d'une fois couronné par le martyre dans les lointaines et périlleuses missions de la Nouvelle-France.

Mais c'est dans Québec même, dans Québec surtout, que resplendit davantage le souvenir, la gloire de Jacques Cartier : une grande rue, un marché et une place publique, au centre même des quartiers essentiellement français peuplés de 40,000 âmes ; trois paroisses : *Notre-Dame de Jacques Cartier* et *Saint-Malo,* qui forment déjà partie de la cité, et *Limoilou,* un faubourg florissant, qui n'attend que l'occasion d'y entrer. Saint-Malo ! ô, M. le Président, que n'avez-vous assisté à notre fête nationale célébrée le 24 juin dernier dans l'église de cette paroisse, au milieu d'une foule immense où se pressaient toutes les classes de notre société, ayant à leur tête le lieutenant gouverneur, Sir L. A. Jetté, la magistrature, le maire et le Conseil de ville, tout un déploiement de sociétés ouvrières de bienfaisance, des corps militaires, admirablement disciplinés, des zouaves pontificaux portant le glorieux uniforme de nos héros d'Afrique, les gardes Champlain, de Salaberry, de l'Union Commerciale, les personnages représentant le petit saint Jean-Baptiste, gracieux enfants entourés d'agneaux vivants, puis Champlain, Jacques Cartier, les figures *obligato* de toutes nos processions nationales, et ce glorieux défilé de gens bien mis, précédés de fanfares et salués au passage par les approbations flatteuses de Son Excellence Lady Grey, femme de notre gouverneur général, et toute la cour vice-royale. Au milieu de tout cela, des discours entraînants, chaleureux, dans lesquels on a fait les plus éloquentes allusions aux deux Saint-Malo. Vous vous seriez reconnus en tout cela, Messieurs de Saint-Malo de France, et vous auriez acclamé en nous des frères et des cousins.

Vous me demandez peut-être : « Mais au milieu de tout cela, où donc est votre statue à Jacques Cartier ? » A cela, je réponds : De bronze ou de marbre, nous n'en avons pas. Nous entrons à peine dans l'ère des monuments à nos grands hommes. Il y a, dans un pays jeune et neuf comme le nôtre, tant de choses à créer, — et j'ajouterai un tel monde de héros dignes d'avoir chacun leur statue, — que nous n'avons encore eu ni le temps, ni l'argent, ni assez de sculpteurs et d'artistes canadiens pour suffire à cette noble tâche.

Mais je puis vous assurer que la nation canadienne a d'ores et déjà dressé à l'illustre navigateur malouin un monument « plus durable que le marbre et l'airain ».

Il a pour base inébranlable la reconnaissance de tout un peuple, et le nom qui doit y être gravé est inscrit en lettres d'or dans le cœur de tous les Canadiens, surtout de ceux qui s'honorent du sang français qui coule dans leurs veines, et ceux-là, ils sont plus de deux millions. Et pour que jamais ce nom ne s'efface de leur souvenir, nous apprenons à nos enfants à le balbutier avec respect, avec reconnaissance, en même temps que celui de Champlain, de Laval, de nos héros, de nos martyrs, des illustres femmes dont le courage, la vertu, la sainteté entourent comme d'une auréole la trame de notre émouvante histoire.

Et quand le barde inspiré est venu réveiller nos puissants et sympathiques échos avec les accords de sa lyre normande et bretonne, nous avons été heureux de jeter notre obole dans la fournaise ardente où bouillonnait l'airain en fusion d'où jaillit la statue animée et parlante que vous dressez maintenant

« Sur le rocher de Saint-Malo,
« Que l'on voit de loin sur l'eau, »

comme dit la chanson venue de France et conservée chez nous, pour rappeler aux générations futures la glorieuse mémoire de l'immortel découvreur du Saint-Laurent.

Aussi serons-nous avec vous de cœur et d'âme en ce beau jour du 23 juillet. Si nous n'y sommes point tous, il y en aura des nôtres pour vous parler la langue d'autrefois. Et vous jugerez vous-mêmes si nous avons bien gardé ce pieux trésor depuis le jour où Révérend Père en Dieu, M. de Saint-Malo bénissait dans sa cathédrale ceux qui s'en allaient implanter la langue et le génie de la France dans l'immense vallée du Saint-Laurent.

Encore un mot, Monsieur le Président, et je termine cette épître, déjà trop longue.

Dans tout ce que je viens de vous dire, je suis heureux de me faire l'interprète du Conseil de Ville de Québec qui, après avoir reçu votre aimable invitation, m'a chargé d'y répondre.

Veuillez agréer mes meilleurs souhaits pour le succès de vos belles fêtes et l'assurance de notre regret de ne pouvoir y prendre part que de loin, et croyez au dévouement et à l'amitié de

Votre obéissant serviteur,

S. N. Parent, *maire de Québec.*

P.-S. — Ci-inclus, je vous transmets l'offrande de la cité de Québec pour être ajoutée à la souscription ouverte à Saint-Malo pour le monument Jacques Cartier.

Ceux même qui ne pouvaient se rendre à nos fêtes nous en exprimaient cordialement le regret. Au milieu de nombreuses lettres, pleines des plus chaleureux témoignages de sympathie, j'en retrouve quelques-unes dont je détache des fragments :

Il ne me sera pas possible de me rendre en France à la date indiquée et j'en éprouve un regret très vif. Il est inutile d'ajouter que ma pensée sera auprès de vous. Depuis onze ans que j'ai l'honneur de représenter la France au Canada, j'ai appris à aimer ce vaillant initiateur par qui tout ici fut commencé, dont le souvenir toujours vivace sur les bords du Saint-Laurent était un peu trop effacé en France, mais qui va prendre une jeunesse nouvelle grâce à la noble initiative de quelques Bretons généreux pour qui ce souvenir est une des formes du devoir et de la fidélité...

A. Kleczkowski,
Consul Général de France au Canada.

Du Cabinet du Ministre de la Marine et des Pêcheries du Canada, Ottawa, nous parvenait une lettre pour nous souhaiter « un brillant succès » et nous dire de vifs « regrets de ne pouvoir accepter cette invitation à cause des travaux de la session qui ne seront pas encore terminés à cette époque ». — Signé : R. Préfontaine.

Mêmes regrets pour la même cause, du Cabinet du Premier Ministre et signés : Wilfrid Laurier.

Le maire de Toronto écrivait :

It is a source of regret to me that my public duties will not permit of the acceptance of your cordial invitation. It would indeed be a pleasure to be present and to participate in the ceremony of honoring the memory of the great navigator who first sailed up the noble St Lawrence and discovered the country known as the Dominion of Canada, of which we, as natives, are so proud, were it possible for me to do so.

Le recteur de l'Université Laval, Mgr Mathieu, en français ; le principal de l'Université Mc Gill, en anglais, exprimaient des regrets et des sympathies.

Les mêmes sentiments nous étaient transmis par M. N. de Struve, Consul Impérial de Russie dans la Puissance du Canada. Le Solliciteur Général, Honorable Rodolphe Lemieux, s'excusait, à cause de la prolongation probable de la Session parlementaire, de ne pouvoir donner une réponse définitive à notre invitation. Le maire de Port Daniel, West, M. A

Mc Pherson, de la baie même où Jacques Cartier abordait en 1534, nous exprimait ses meilleurs souhaits. Il ajoutait :

I think it would be a good suggestion to have it changed (le nom de Port-Daniel Bay) to *Cartier-Bay*, in honour of the Saint-Malo navigator who was the first European navigator to find shelter in this beautiful harbour.

Au nom de l'Association Saint-Jean-Baptiste de Montréal, M. L. O. David me faisait connaître son espoir d'avoir des représentants « dans une circonstance qui évoque des souvenirs si émouvants pour les patriotes de la vieille et de la Nouvelle France. »

De Saint-Antoine, M. Jacques Cartier déléguait son neveu M. Paul Archambault pour le représenter aux fêtes. M. Ernest Gagnon, de Québec, déplorait de ne « pouvoir aller serrer la main à des frères de Bretagne, prendre part à leurs démonstrations patriotiques, leur dire tous nos sentiments de sincère affection. »

De Québec encore, M. Georges Bellerive, avocat, nous assurait qu'il y avait au Canada « des cœurs français » pour nous comprendre ; et M. E. Myrand nous envoyait son livre : *Une nuit de Noël sous Jacques Cartier.*

De France, comme du Canada, les témoignages de cordialité ne nous manquaient pas, annonçant des présences ou regrettant des absences.

L'éminent académicien, Vte E. M. de Vogué m'écrivait :

Je pars pour Hambourg et Brême... Je ne puis plus me dédire. Je le regrette maintenant, car j'eusse été charmé de prendre part à vos fêtes aux côtés de mon excellent et vieil ami René Brice. Le Conseil Municipal a bien choisi l'homme qui saluera l'image de Cartier avec toute la chaleur de son cœur et toute l'élévation de son esprit. Je n'aurais rien pu ajouter à ses paroles ; je sais d'avance qu'elles exprimeront les sentiments qui nous sont communs et dont je me serais fait à son défaut l'interprète.

Veuillez faire agréer mes regrets à vos collègues du Comité.

Je souhaite qu'une autre occasion — vous avez tant de grands concitoyens morts et les lettres françaises en revendiquent quelques-uns — me permette de payer ma dette de gratitude à la bonne ville qui me fit si charmant accueil.

Le Vice-amiral Duperré (de la Vigne Mohimont, Ardennes), m'écrivait :

« Vous avez fait là une œuvre vraiment patriotique et je vous félicite de votre beau succès comme français et comme concitoyen. »

M. le Conseiller d'Etat Herbette adressait à M. le Maire une lettre de chaude sympathie marquant « des vœux de tout cœur ».

M. Joüon des Longrais, à qui nous devons tant de trouvailles sur Jacques Cartier ; le Contre-amiral Buret, MM. Bouessel-Dubourg, Le Hérissé, Comte de Botherel, Comte de Lariboisière, combien d'autres, absents de France ou empêchés, nous exprimaient les plus sincères regrets de ne pouvoir participer à la glorification de Jacques Cartier.

Le poète canadien W. Chapman, très gracieusement, m'envoyait le poème écrit par lui, sur ma demande, pour être lu pendant la cérémonie d'inauguration de la statue.

Louis Fréchette qui « pour des raisons que nous n'avons pas à apprécier » dit un journal canadien, n'avait pu accepter la même invitation que je lui avais adressée, correspondait aimablement avec moi pour m'expliquer sa détermination. J'insistais sans le convaincre, et comme je lui adressais en un sonnet une invitation suprême, il me répondait par un autre sonnet écrit sur les mêmes rimes. *A breton, breton et demi,* déclare un journal canadien. Voici ces deux sonnets :

A LOUIS FRECHETTE

(Sur son absence aux fêtes de Jacques Cartier).

Vous ne serez pas là !... Non seulement vous-même
Manquerez au triomphe où je vous appelais
Au pied du monument qu'on dresse à ce Français,
Mais vous n'y serez pas, fût-ce par un poème !

Nous espérions fêter, double gloire qu'on aime,
Fréchette et ses beaux vers, Cartier et ses hauts faits,
Et sacrer avec vous, plus chère que jamais,
Notre vieille amitié par un nouveau baptême !

Vous ne serez pas là !... Dans cet accord touchant
En vain nous chercherons votre main ; dans ce chant
Votre voix va manquer à l'hymne poétique.

Et la joie est moins vive et l'hommage est moins doux...
Si le vent, ce jour-là, se plaint sur l'Atlantique,
Ce seront nos regrets qu'il portera vers vous.

LOUIS TIERCELIN.

7 Juin 1905.

RÉPONSE A LOUIS TIERCELIN

Mais oui, Poète ! oui, je serai là quand même !
— Pouvais-je rester sourd lorsque tu m'appelais ?...
Au pied du monument qu'on dresse au nom français,
Mon âme sera là pour chanter son poème !

Elle ira faire fête à tout ce que l'on aime :
La Bretagne et ses fils, la France et ses hauts faits,
Pour rendre indissoluble et sacrer à jamais
Notre antique union par un nouveau baptême !

Oui, oui, je serai là !... Dans un accord touchant,
Nos yeux se chercheront ; et si, dans votre chant,
Ma voix reste étrangère à l'hymne poétique,

L'échange de nos cœurs n'en sera pas moins doux ;
Car, ce jour-là, Poète, à travers l'Atlantique,
Nos mains par millions vont se tendre vers vous !

LOUIS FRECHETTE.

19 Juin 1905.

Un jeune poète ami, Guy Jarnoüen de Villartay, écrivait de belles strophes en l'honneur de celle qui fut « la dame » de Jacques Cartier.

Du Canada encore, trop tard malheureusement, un poème m'était envoyé par M. J.-M. Fleury, *principal of the School of languages, 750 Somerset street, Ottawa.* De Saint-Malo, d'ailleurs, d'autres œuvres nous étaient adressées, que nous ne pouvions faire figurer au programme des fêtes. Botrel nous avait promis un poème. M. André Colomb, son accompagnateur, avait écrit pour le jour de l'inauguration une fantaisie sur des *Airs canadiens*. Une autre fantaisie de Vézina me parvenait du Canada. M. Fortuné July, chef de musique du 47e, faisait répéter une *Marche de l'Inauguration*. Brémont, de l'Odéon et du Théâtre Sarah-Bernhardt ; Xavier Mercier, un jeune ténor canadien, acceptaient de prêter très gracieusement leur concours à nos fêtes. Les musiques municipales de Saint-Malo et de Saint-Servan promettaient leur participation. Les directeurs des Casinos de Saint-Malo et de Paramé offraient leurs salles pour des soirées de Gala.

Les sympathies s'affirmaient de plus en plus. M. le Général commandant la 20e division d'infanterie, nous accordait un piquet pour maintenir l'ordre, le jour de l'inauguration.

M. le Colonel Sauzède autorisait la Musique du 47e Régiment d'infanterie à se faire entendre pendant la durée des fêtes. Toutes les démarches auprès de l'autorité militaire m'étaient rendues faciles par la bonne grâce de M. le Lieutenant-colonel de Laporte d'Huste, major de la garnison.

Le 17 Juillet, une lettre de l'Administrateur en chef de 1re classe, Chef du service de l'Inscription Maritime, m'informait « que la 2e division de l'Escadre du Nord, commandée par M. le Contre-amiral Leygue et composée des cuirassés *Bouvines*, *Amiral-Tréhouart*, *Henri-IV*, arriverait à Saint-Malo le 21 Juillet et en repartirait le 24. »

La Société Historique et Archéologique de Saint-Malo, sous la sympathique direction de son président, M. E. Dupont, avec l'aide de son zélé secrétaire, M. J. Haize, avait réglé les conditions de sa participation à nos fêtes, par la pose d'une plaque commémorative sur le manoir des Portes-Cartier.

M. le Curé Archiprêtre de Saint-Malo, non moins dévoué

à l'œuvre du monument que son prédécesseur, M. le chanoine Bourdon, avait confié à deux de ses vicaires, MM. Bertrand et Maudet, l'organisation de la fête religieuse. M. L. Blanc avait composé une cantate que la Maîtrise devait exécuter. On annonçait la présence à la messe commémorative de son Eminence le Cardinal Archevêque de Rennes.

M. Le Maillot exposait aux montres de M. Charpentier de belles photographies du Jacques Cartier et mettait en vente des cartes postales très réussies. Puis, c'était une « pochette », souvenir des fêtes franco-canadiennes.

Georges Bareau, l'auteur de la statue, arrivait bientôt et présidait au transport de son œuvre sur la *Hollande*, rapidement aménagée par les soins de l'architecte de la ville, M. Bénard.

Les membres du Comité versaient au trésorier les recettes de leurs carnets.

Le Salut envoyait son aubade à l'escadre.

Ce matin, à 9 heures, une division de l'escadre, dont nous donnons plus loin la composition, est venue mouiller dans notre rade, apportant au navigateur Jacques Cartier le filial tribut d'admiration et d'hommage de la Marine française.

Malouins, Servannais, Paraméens, Dinardais, fraternellement unis dans le même sentiment de patriotique reconnaissance, acclameront d'une commune voix les officiers et les équipages de l'escadre et leur feront l'accueil que des marins français doivent être sûrs de trouver au pays de Surcouf, de Duguay-Trouin et de Jacques Cartier.

Le Maire faisait afficher cet appel :

HABITANTS DE SAINT-MALO,

En élevant une statue à Jacques Cartier, sa Ville natale acquitte une dette de reconnaissance envers l'un de ses plus illustres enfants.

L'escadre du Nord vient rehausser l'éclat des fêtes organisées pour l'inauguration de ce monument.

La Municipalité de Saint-Malo invite ses concitoyens à pavoiser et illuminer leurs maisons. Ils honoreront ainsi la mémoire du grand navigateur malouin et souhaiteront la bienvenue à la Marine française dont Jacques Cartier fut une des gloires les plus pures.

Le Maire : JOUANJAN.

Une grande cordialité, une vive effervescence s'éveillaient. Tous les nuages s'étaient dissipés. On se sentait à la veille d'une grande fête ; c'était l'aurore d'une belle journée.

Et comme la Poésie devait être la grande invitée, le vaillant directeur du *Salut* jetait le premier cri bardique.

A JACQUES CARTIER

Pour toi l'heure a sonné des justices rendues !
D'un long oubli, Cartier, Demain te vengera :
Ce bronze, où ta mémoire enfin rayonnera,
N'est qu'un modeste acquit de dettes longtemps dues.

Encore a-t-il fallu, pour le mettre debout
Dans la gloire, parmi de plus jeunes ancêtres,
Tant l'esprit de parti rapetisse les êtres,
Lutter obstinément et presque jusqu'au bout.

Lorsque tu t'en allais, par les mers incertaines,
A ton Roi conquérir des rivages nouveaux,
Et même contre toi quand de puissants rivaux
Exerçaient sottement leurs rancunes hautaines,

Tu ne soupçonnais pas, dans ta simplicité,
Qu'un jour la gloire ici te serait marchandée,
Et qu'il faudrait toute la force de l'Idée
Pour qu'hommage te fût rendu dans ta cité.

Mais trêve aux souvenirs importuns, trêve au blâme !
Sur le passé jetons le voile de l'oubli.
Que fait l'obstacle si le geste est accompli ?...
Entends, Cartier, c'est tout le Pays qui t'acclame,

Ton Pays qu'aujourd'hui ton nom couvre d'éclat,
Fier du glorieux Fils à l'étrange épopée,
Qui vainquit par la croix autant que par l'épée,
Missionnaire autant que marin ou soldat.

Et c'est pourquoi, Cartier, la Terre Canadienne,
A la voix d'un Breton poète et troubadour,
A voulu, par son or et son cœur, tour à tour,
Prendre part à l'hommage où ta gloire est la sienne.

A célébrer ton nom d'une commune voix,
En dépit du hasard et des destins contraires,
Français et Canadiens se retrouveront frères,
Frères par le génie et le sang à la fois.

Et demain, sur les bords enchantés de la Rance,
Où se sont éblouis tes beaux rêves d'enfant,
On te verra, Cartier, rapporter triomphant
Par deux peuples unis : le Canada, la France.

F. BAZIN.

Un écho répondait de la *Villa Miarka.*

A JACQUES CARTIER

Te voilà donc monté sur le socle, Immortel
Jacques Cartier, patient et fier capitaine,
Qui pour nous conquérir une terre lointaine
Sût braver l'homme, être inconstant plus que le ciel.

Jadis, n'est-il pas vrai, le sort te fut cruel ?
La mer qui te prenait sur sa vague hautaine,
En berçant ton beau rêve à la foi souveraine,
T'emportait au pays qu'on disait irréel.

Te voilà donc ! Ton regard fouille au lointain pâle
Comme autrefois, parmi les soirs d'or et d'opale,
Quand tu venais songer sur les grèves du Bé.

Et l'homme insoucieux et la gloire infinie
Veulent poser, enfin, sur ton front absorbé,
La couronne d'Arvor qu'attendait ton Génie !

THOMAS MAISONNEUVE.

Et c'était comme un tournoi de poésie. Depuis longtemps des saluts courtois s'échangeaient des rives du Saint-Laurent aux bords de la Rance. On lisait dans *La Presse* de Montréal, du 24 Mai 1905 :

ENTRE POÈTES

M. Louis Tiercelin, le président du Comité des fêtes de Jacques Cartier, a invité M. Chapman à écrire un poème pour le dévoilement de la statue du découvreur malouin. Le poète canadien a accepté l'invitation et a envoyé en même temps ses *Aspirations* au poète breton. Celui-ci, en retour, lui a expédié son dernier volume de vers *La Bretagne qui chante*, et notre lauréat a écrit pour le remercier de ce gracieux envoi, le sonnet que voici :

A LOUIS TIERCELIN

qui m'envoie *La Bretagne qui chante.*

Le chant, triste ou joyeux, de l'Océan immense
Qui caresse ou qui bat les falaises d'Armor,
Sous la brume traîtresse ou sous l'étoile d'or,
Héritier de Brizeux, a bercé ton enfance.

Ce chant, qui meurt sans fin et sans fin recommence,
— Que la rafale ploie ou rouvre son essor, —
O barde, tous les jours, vous l'écoutez encor
Dans les lames en joie ou les flots en démence.

Oui, vous vous en grisez encore à Paramé,
En gonflant vos poumons du grand souffle embaumé
Qui passe sur la lande et l'onde qui moutonne.

Et voilà ce qui fait qu'en lisant vos beaux vers,
Je crois y respirer les arômes amers
Des pins et des ajoncs de la côte bretonne.

W. CHAPMAN.

Ottawa, 20 Mai 1905

Quinze jours après, le même journal donnait ma réponse :

AU POÈTE CHAPMAN

M. Louis Tiercelin, président des fêtes de Jacques Cartier à Saint-Malo et à Paramé, vient d'adresser à notre poète canadien, M. W. Chapman, le sonnet suivant, écrit de sa main, que nous reproduisons aujourd'hui dans *La Presse :*

A W. CHAPMAN

qui m'a envoyé son livre *Les Aspirations.*

Les jours de gloire après les heures de souffrance,
La rumeur du travail et le bruit du canon,
Religion, famille, art, science et renom,
La force de la foi, l'orgueil de l'espérance ;

Vos « deux mères » enfin, le Canada, la France,
Ce qu'elles ont de beau, ce qu'elles ont de bon,
Telle monte en vos vers une double chanson
Des bords du Saint-Laurent aux rives de la Rance.

Et quand m'en vient l'écho, j'écoute avec bonheur
Et d'ici j'applaudis, ô doux et fier Sonneur,
Votre hymne que la brise Atlantique m'apporte ;

Et j'admire, en ce livre où mon rêve se prend,
Pour chanter deux pays votre voix assez forte
Et pour les bien aimer votre cœur assez grand.

LOUIS TIERCELIN.

5 Juin 1905.

Déjà l'*Hermine* avait salué l'œuvre magistrale de Georges Bareau, par la voix d'un de ses plus jeunes poètes.

POUR LA STATUE DE JACQUES CARTIER

A Georges Bareau, sculpteur.

Son regard est lointain de fixer le mystère
Où chaque nouveau jour indécise le Port ;
Comme un doute s'épeure à son front rude encor
De pressentir sans voir les rives d'une terre.

Qu'importe ! Il croit ! L'Étreinte ferme se resserre,
Plus assurée et magnifique de l'Effort,
Et le geste défie, invinciblement fort,
Le frisson qui troubla son âme solitaire.

Il connut le triomphe, un jour, ce Découvreur...
Mais tu songeas — hantise ardente de ton cœur —
Aux purs élans brisés par l'ombre qui se lève ;

Et pour éterniser la foi dans l'Idéal,
Confiant ta pensée au durable métal,
O Maître, tu voulus le sculpter en plein rêve.

GUY JARNOÜEN DE VILLARTAY.

Et *Le Salut* avait accueilli un autre sonnet, où je disais mon admiration pour l'œuvre réalisée par le sculpteur :

SUR LE JACQUES CARTIER DE GEORGES BAREAU

Longtemps il a rêvé de quelque Inde lointaine
A l'occident. Longtemps se sont fixés ses yeux
Vers la nouvelle terre et vers les nouveaux cieux,
Auxquels il croit de toute la foi qui l'entraîne.

Alors, il est parti, le vaillant Capitaine,
Et voici, près d'atteindre au Pays Merveilleux,
Que ce brave pourtant, fils de braves aïeux,
Doute encor d'accoster l'Atlantide incertaine...

Tel nous voulions notre héros, Jacques Cartier,
Souhaitant qu'on marquât, pour l'avoir tout entier,
Jusqu'en l'effort final l'anxiété sans trêve...

Maître, tu l'as compris et réalisé tel,
Fixant dans la splendeur de ce bronze immortel
Le geste d'Action et le regard de Rêve.

LOUIS TIERCELIN.

A Saint-Malo, les fêtes préliminaires avaient commencé dès le vendredi, par un bal qu'offrait gracieusement M. Bernardin, le nouveau directeur du Casino Municipal. *Le Républicain* écrit :

La grande salle des fêtes avait été décorée avec un goût exquis par les soins du directeur du Casino, aidé de MM. Vicart, tapissier à Saint-Servan, et Kretz, chef armurier au 47e. Ce n'était que fleurs lumineuses, trophées d'armes, drapeaux, panoplies, vieux sabres curieusement travaillés.

Aussi les danseurs furent-ils nombreux et le coup d'œil superbe des uniformes, des belles épaules, des claires toilettes et des bijoux étincelants.

On dansa jusqu'au jour après s'être partagé les accessoires d'un superbe cotillon généreusement offert par M. Bernardin.

Le samedi, on jouait *Barbe Bleue*. La direction avait invité tous les officiers des armées de terre et de mer. La salle était comble.

Comme la veille, l'archet de Giannini faisait merveille et, dit *Le Progrès Malouin*, « MM. Bernardin et Pol Kensicher faisaient les honneurs avec le charme qu'on connaît et de façon à s'attirer les sympathies de tout le public malouin et de nos visiteurs. »

Ce même soir, l'*Harmonie Municipale* de Saint-Malo avait donné concert sur la place Chateaubriand ; une Retraite aux flambeaux par la *Musique du 47e* parcourait les rues.

Une animation extraordinaire emplissait Saint-Malo. Des drapeaux claquaient aux fenêtres et, comme le remarque *Le Salut*, M. le Maire pouvait dire que « jamais il n'avait vu sa ville si belle. »

Et voici qu'en corrigeant les épreuves de ce livre, d'Ottawa m'arrive encore ce sonnet, en réponse à la lettre où je m'excusais de n'avoir pu, comme je l'aurais voulu, accueillir le poème envoyé par M. Fleury.

A LOUIS TIERCELIN

Enivré d'ambroisie, au sommet du Parnasse,
Favori de la Muse aux accents gracieux,
Indulgent, tu souris au nain prétentieux
Qui, d'un pas incertain, des géants suit la trace.

Le guerrier valeureux applaudit à l'audace
Du conscrit s'exerçant aux exploits glorieux ;
Et l'aigle, en explorant l'immensité des cieux,
Epargne l'alouette ivre d'air et d'espace.

Merci, Maître, merci d'avoir, quelques instants,
Pour écouter ma voix, interrompu tes chants,
Et de juger ma muse avec ton âme tendre.

Pardonne au chantre obscur, ô barde de l'Arvor,
D'avoir, présomptueux, désiré faire entendre
Sa modeste musette après ta harpe d'or.

J.-M. Fleury.

Otawa, le 20 Août 1905.

Et comme un sonnet en appelle un autre, — c'est ainsi que nous correspondons à travers l'Atlantique, — j'adresse en vers ma réplique au trop gracieux salut de mon confrère canadien :

A M. J.-M. FLEURY

Vous m'avez salué par trop de courtoisie.
Etroit est mon sentier mais il est vert et frais ;
Poète, tels ils sont en Bretagne et jamais
Je ne veux dévier de la route choisie.

A la table des Dieux on mange l'ambroisie ;
A la mienne on ignore un aussi noble mets,
Et Kerazur n'est point sur un de ces sommets
D'où le Permesse coule en flots de poésie.

Heureux quand un poète accourt en mon chemin,
Aussitôt je l'accueille et je lui tends la main,
Et mon humble maison s'ouvre à de nouveaux charmes.

L'éloge me paraît toujours un peu moqueur,
Mais deux mots d'amitié m'émeuvent jusqu'aux larmes:
Ma harpe n'est pas d'or mais peut-être mon cœur.

LOUIS TIERCELIN.

4 Septembre 1905.

LA FÊTE DE L'INAUGURATION DE LA STATUE

A Saint-Malo, le Dimanche 23 Juillet.

Pendant que, sur l'esplanade des Ecluses, les Sociétés de gymnastique *Les Vigilants de l'Ouest* et *La Malouine,* accompagnées par la *Musique des Chemins de fer de l'Ouest,* après un brillant défilé, exécutaient leurs remarquables exercices et mouvements d'ensemble, les cloches de la Cathédrale appelaient les fidèles à la

MESSE COMMÉMORATIVE

L'église, où se pressait un auditoire immense, était magnifiquement décorée. Des drapeaux tricolores et des étendards aux armes des principales villes du Canada ornaient les piliers de la vieille cathédrale. Depuis longtemps, M. l'abbé Maudet, aidé de gracieuses collaboratrices, avait préparé cette décoration, qui a servi de cadre radieux à la belle cérémonie religieuse que présidait Son Eminence le Cardinal Labouré.

L'accès du chœur avait été permis aux membres du Comité, de la Société Archéologique, aux invités canadiens.

Au premier rang, le Maire de Saint-Malo et le Ministre des Terres, Mines et Pêcheries de la Province de Québec, l'Honorable Adélard Turgeon, des deux côtés de la dalle qui marque la place où s'agenouilla Jacques Cartier, pour recevoir, au départ de la deuxième expédition, la bénédiction de l'évêque ; puis, à droite et à gauche, les deux députés de Saint-Malo, MM. C. La Chambre et Robert Surcouf, le Président du Comité du Monument et le poète Th. Botrel.

Puis, ce sont le général Méert, commandant la 40e brigade d'infanterie ; le commandant de Montbeillard, chef d'état-major du général Davignon (1), commandant la 20e division d'infanterie ; l'Honorable Hector Fabre, Commissaire général du Canada à Paris ; M. Etienne Dupont, président de la Société Archéologique ; MM. Ethier et Bauset, représentants de la ville de Montréal ; les Révérends J. M. Beland, curé de N.-D. du Sacré-Cœur de Central Falls, et Napoléon Leclerc, curé de Sainte-Anne, Woonsocket (Rhodes Island, U. S. A.) ; MM. A. Lefèvre, Faudier Lefèvre, Ludger Gravel, etc.

Dans le transept, on se montrait Mlle Hortense Cartier, fille de feu sir Georges Cartier, premier ministre du Canada, et descendante de Pierre Cartier, plusieurs Canadiens (2).

(1) Le général Davignon, en tournée d'inspection, avait délégué spécialement M. le commandant de Montbeillard pour le représenter aux fêtes.

(2) Voici d'ailleurs la liste officielle des Canadiens présents à Saint-Malo pendant les fêtes :

Honorable A. Turgeon, Ministre des terres de la province de Québec ; honorable Hector Fabre, Commissaire général du Canada en France ; M. L. J. Ethier, avocat de la ville de Montréal, représentant la municipalité de Montréal ; M. J. Bauset, secrétaire général du Conseil municipal de Montréal et Mme Bauset ; M. Paul Wiallard, attaché au Ministère de l'Intérieur du Canada ; M. le Dr Brisson, vice-président de la Société de colonisation de Montréal ; M. C. B. Major, ancien député provincial ; M. le Dr Ed. Fabre Surveyer, avocat au barreau de Montréal ; M. F. X. Lemieux, secrétaire du Ministre des terres de la province de Québec ; M. Charles Lefebvre, professeur à l'Ecole normale de Québec ; M. le Dr et Mme Casgrain, de Québec ; M. Mme et MM. Robinson, de Grandy, Québec ; Mme Morin,

Et jusqu'aux portes de la cathédrale, grandes ouvertes, quelle foule ! Ainsi que le dit *Le Salut*, « l'élite de la population de Saint-Malo et des villes voisines » s'était unie « dès le début des fêtes, dans un sentiment de commune fierté patriotique » et de foi religieuse.

Le programme de la cérémonie comportait d'abord l'exécution d'une Cantate : *Le rêve de Cartier*, paroles de Louis Tiercelin, musique de Louis Blanc, organiste de la Cathédrale.

Dès que le Cardinal, qui va célébrer la messe, s'est incliné au pied de l'autel, l'orgue prélude et bientôt les voix en sourdine se font entendre. C'est la Maîtrise de la Paroisse qui, sous l'habile direction de M. l'abbé F. Bertrand, attaque les premières mesures d'un chœur charmant, où s'expriment le calme de la mer et le silence de la nature. Cartier rêve. L'Occident l'attire. Il hésite encore. Mais deux voix lui parlent. Ces voix de la terre et du ciel, celles de MM. Stéphan et André Orain, avaient toute la force et le charme voulus, portées sur les deux phrases si émouvantes qui leur étaient confiées par le compositeur. Puis les voix s'unissent en duo, plus pressantes, et Cartier se décide. Il ira conquérir les Terres Nouvelles et les Ames Sauvages, pour les offrir à son Dieu et à son roi. Un chœur éclate qui dit le départ, l'arrivée, le triomphe.

M. L. Blanc a trouvé d'ingénieuses combinaisons harmoniques, de fraiches et originales mélodies, des rythmes conquérants, des sonorités puissantes pour traduire et magnifier les paroles qui lui étaient données. Il a mis debout

Mlle Morin et M. Paul Morin, de Montréal ; Mme Saint-Jean, Mlle Saint-Jean, professeur d'élocution à l'Université Mc-Gill à Montréal ; M. J. F. Lefèvre, de Montréal ; M. l'abbé Trudel, de Saint-Justin ; M. Joseph Picard, industriel à Montréal ; M. Bellanger, de Montréal ; M. Ludger Gravel, vice-président de la Société des Artisans canadiens de Montréal ; M. le Dr Lemieux, de Québec ; M. J. A. Giroux, de Montréal ; M. J. B. Beaulieu ; M. Joseph Gélinas, de Trois-Rivières, P. Q. ; M. F. X. Mercier, de Québec.

une très belle œuvre et la Maîtrise, conduite par M. l'abbé Bertrand, l'a interprétée avec une réelle puissance.

Nous donnons tout le poème sur lequel a été écrite la musique de M. L. Blanc, dans le regret de ne pouvoir l'envelopper du vêtement d'harmonie qui en a fait tout le charme.

LE RÊVE DE JACQUES CARTIER

Hommage à M. le chanoine Brulé,
curé-archiprêtre de Saint-Malo.

LE CHŒUR

La mer est calme au loin ; au loin le ciel est pur.
On voit fuir une voile
Et la première étoile
Scintille dans l'azur.

Il était là, rêveur... Et voici qu'il se lève !
Et ses yeux dans la nuit
Vers la voile qui fuit
Semblent suivre son rêve.

Il écoute... On dirait que des voix ont chanté
Comme un appel qui le réclame !
Appel mystérieux par l'écho répété,
Les voix ont chanté dans son âme.

UNE VOIX

Rêveur, suis tes rêves et viens
Chercher Là-Bas une autre aurore !
Ces peuples sauvages encore,
D'un mot tu les feras chrétiens !

UNE AUTRE VOIX

Ecoute la voix qui t'appelle
Et cours Là-Bas en conquérant.
Tu voulais ton pays plus grand ;
Je t'offre une France nouvelle.

LES DEUX VOIX

Oui, va vers ton destin, réalise ton vœu,
Toi qui portes la Croix et le Drapeau de France.
Va, sois fier de gagner selon ton espérance
Des Français à ton Roi, des Chrétiens à ton Dieu.

LE CHŒUR

La Patrie et l'Eglise espéraient ton aveu !
Obéis sans retard à leur voix qui commande !
Va ! le ciel est plus pur et la terre plus grande !
Sois le Soldat de France et l'Envoyé de Dieu !

Pars donc et vogue en paix à l'essor de tes voiles ;
Pilote sans frayeur, va ! prends la barre en main ;
Le soleil radieux et les claires étoiles
Te luiront doucement pour marquer ton chemin.

Vainqueur prédestiné pour cette œuvre féconde,
Un pays merveilleux Là-Bas s'ouvre à ta loi ;
Dieu le veut ! Dieu le veut ! Porte à ce Nouveau Monde,
Dans l'amour de ton cœur, ta patrie et ta foi.

Chanté par la Bretagne et béni par l'Eglise,
Entraîne sur tes pas de généreux essaims.
Tout un monde s'éveille à ta noble entreprise ;
L'avenir te devra des Héros et des Saints.

Français, Chrétien, combats pour la meilleure cause ;
Tel un nouveau soleil éclairant les cieux froids,
Nous te voyons monter dans une apothéose,
Le Drapeau d'une main et de l'autre la Croix !

LOUIS TIERCELIN.

A l'Elévation, Mme Th. Botrel détaillait avec un art très fin, d'une voix qui éveillait les échos de la vieille cathédrale, un *O salutaris* inédit de Ch. Cognet, pièce d'un très bon style et qui a beaucoup plu.

La messe est achevée. Le Cardinal va s'asseoir devant la balustrade du chœur. Les fidèles se tournent vers la chaire, où vient d'apparaître celui qui fut le R. P. Janvier, des Frères Prêcheurs, et qui est maintenant M. le chanoine Janvier, conférencier de Notre-Dame de Paris. La figure grave, expressive ; le geste sobre, ferme ; la voix claire et chaude, l'orateur nous tient sous le charme d'abord et s'empare de nous ensuite. M. le chanoine Janvier ne fait appel à aucun des effets oratoires de l'ancienne école. Son éloquence a fui tous les lieux communs, et la mâle simplicité de sa diction accentue encore tout ce qu'il y a de juste et de sincère et de noble et de grand dans son panégyrique.

Nous sommes heureux de pouvoir l'offrir à nos lecteurs. Ceux qui ne l'ont pas entendu pourront comprendre, en lisant ces pages, sous quelle impression puissante l'orateur a laissé son auditoire et jusqu'où s'est élevée cette évocation patriotique et religieuse.

DISCOURS DE M. LE CHANOINE JANVIER

« *Exhortatus suos ut..... usque ad mortem pro..... templo, civitate, patriâ..... starent.* »

« Il exhorta les siens à tenir bon jusqu'à la mort pour le temple, la cité, la patrie. » II. *Machab.* XIII-14.

Eminence, mes Frères,

Le patriotisme et la religion sont les deux sentiments qui ont imprimé les plus sublimes transports à l'activité humaine. L'inspiration des poèmes immortels, l'audace sacrée des héros, la constance miraculeuse des martyrs sont nées de ce double amour. Aussi, partout où ces deux passions s'exaltent, on voit monter le génie, les efforts, la dignité morale ; partout où elles succombent, les énergies s'étiolent, la générosité meurt, les nations croulent dans la décadence et dans la honte.

L'âme bretonne a été saisie dans ses fibres suprêmes par la foi en Dieu et par le culte du pays. Epris d'idéal, nous heurtant sans cesse aux étroitesses des horizons de la vie, mal à l'aise dans une société pleine de rires et de scepticisme, nous nous sommes attachés par instinct et par grâce à l'autre monde, et nous y avons jeté l'ancre de notre rêve et de notre espérance avec l'intensité d'une ardeur dont la violence et la fausse sagesse n'auront jamais raison. Enfantés et nourris dans les entrailles d'un sol dont les éléments sont plus résistants, les parfums plus âpres, mais plus purs et plus incorruptibles aussi, nous avons aimé éperdument notre coin de terre, et en même temps cette nation à la fortune de laquelle notre cœur est rivé par des liens forts comme le granit qui unit notre presqu'île à son continent : la France.

De l'amour au dévouement le passage est rapide : les fils de Bretagne ont travaillé sans compter leurs jours, sans mesurer l'effusion de leur sang à la glorification de leur Patrie et de leur Evangile ; aux heures de crise, la mélancolie brûlante de nos bardes émouvait les courages, la France et le catholicisme recrutaient en notre sein des soldats qui ne les ont jamais trahis. Dans les annales générales de la Bretagne, Saint-Malo a, sans contredit, la page la plus originale et la plus illustre. La vie de votre cité est une épopée si extraordinaire qu'elle a commandé l'admiration du monde entier ; vos grands hommes sont si nombreux qu'il est difficile de les compter. Evêques, moines, prêtres, guerriers, marins, littérateurs, poètes, se pressent dans une phalange qui, de Saint-Aaron et de Saint-Malo à Duguay-Trouin, Robert Surcouf et Chateaubriand, ont rendu témoignage au pays, à Dieu, à la liberté, fille de la France et fille de Dieu. Parmi ces noms dont vos archives et vos monuments ont gardé la mémoire en ineffaçables traits, celui de Jacques Cartier brille d'une splendeur qu'aucune ombre n'est venue ternir ; sous l'influence du patriotisme et de la foi, ce marin a accompli des prouesses d'une portée impérissable. Quand nous aurons étudié la force d'âme avec laquelle le capitaine breton a triomphé des obstacles, vous jugerez de sa volonté de servir la France ; quand nous l'aurons suivi dans ses efforts pour répandre l'Evangile, vous aurez une idée de son dévouement à la religion ; en même temps quelque chose vous aura apparu de cette grande œuvre et de cette belle vie et j'aurai contribué pour ma modeste part et de mon mieux à l'exaltation de celui que nous célébrons.

Eminence,

Il m'est doux de prendre la parole devant vous, de vous remercier publiquement d'une bienveillance dont vous m'avez tant de fois donné des preuves. Sur la mer agitée de ce siècle, vous gouvernez cette vaste barque du diocèse de Rennes avec la sagesse que Jacques Cartier mettait à diriger ses vaisseaux, et vous maintenez parmi nous l'inappréciable bien de la paix ; par la vérité et la profondeur d'une bonté faite d'actes plus que de paroles, vous nous avez montré ce qu'est le pasteur évangélique, et ainsi vous avez gagné le cœur d'un peuple qui ne se donne jamais à moitié.

Qu'il me soit permis, Eminence, à l'hommage filial que je vous devais, d'en ajouter un autre et de saluer le noble ministre qui apporte à nos fêtes l'honneur et la joie de sa présence. Je voudrais qu'il fût notre intermédiaire auprès de ses compatriotes, que ma voix, par delà les flots, retentit en accents d'ardente sympathie jusque sur les bords du Saint-Laurent, jusqu'au sein de cette race vaillante sortie de notre sang et qui ne l'a jamais oublié : la race Canadienne.

I

Jacques Cartier naquit-il à Saint-Malo, à Saint-Servan, à Paramé, c'est un problème dans lequel je me garderai bien de m'engager, d'abord parce que je ne veux faire tort à personne ; ensuite, parce que je ne m'exposerai pas aux coups d'une critique d'autant plus sévère qu'elle s'égare elle-même plus souvent et qu'elle subit de plus humiliants échecs. Quoiqu'il en soit, par sa famille, par sa vie entière, le hardi pilote est malouin ; c'est à Saint-Malo qu'il conçut son dessein d'aller à la découverte, et le jour où il le conçut fut vraiment son jour de naissance à l'action et à la gloire.

Christophe Colomb, Cortez, Almagro, Pizarre, ouvraient d'immenses régions à l'Espagne ; Corte-Real et Cabot travaillaient avec puissance pour le Portugal et l'Angleterre ; Jacques Cartier rêva de reprendre la mission confiée à Verazzano par François Ier, de chercher dans les pays extrêmes du Nord-Ouest des terres fécondes disposées à s'abriter à l'ombre de notre drapeau, des peuples consentant à entrer dans le sillon de notre civilisation et de nos idées, des trésors et des exploitations capables d'augmenter notre fortune, des passages nouveaux susceptibles de nous mettre en relation plus facile, plus rapide avec la Chine dorée.

Il ne s'en tint pas à des idées vagues, à des velléités stériles, — le patriotisme ne se perd pas dans des imaginations flottantes, il vit et s'affirme par des conceptions positives, de l'initiative et de l'action, — sa pensée se dessina avec netteté et sa résolution fut assez vigoureuse pour renverser tous les obstacles.

C'est ici, — non pas à Saint-Malo, toujours prêt à se jeter dans les entreprises et dans les dangers, — mais en France qu'il rencontra les premières difficultés. La science borgne qui nie tout ce qui n'est pas enfermé dans le cadre étroit de sa vision, l'indifférence ennemie de tout effort, le scepticisme dont le rôle est de décourager toutes les énergies, la jalousie et l'ambition brûlant de faire échouer ce qu'elles n'ont pas conduit elles-mêmes, les hésitations, les défiances, les hostilités du pouvoir, en un mot, ces mille oppositions qui se dressent comme un mur devant tous ceux qui tentent de réaliser une œuvre, durent entraver la mission de Jacques Cartier comme, proportion gardée, elles avaient entravé l'inspiration de Christophe Colomb.

Les uns se déclaraient hostiles aux expéditions lointaines; les autres représentaient qu'aucun intérêt n'était engagé dans la conquête de ces contrées inabordables, toujours ensevelies sous la neige, qui ne contenaient ni les trésors des épices, ni les trésors de l'or; ceux-ci se plaignaient qu'on songeât à dépenser dans de pareils hasards des hommes dont la France avait tant besoin pour se défendre en Europe; ceux-là enfin rappelaient les vains essais, le découragement et la mort de Verazzano.

Le capitaine ne se déconcerta pas, il propagea son idée, il fit appel à ses compatriotes et aux marins des côtes françaises, il mutiplia les démarches, et pour avoir le droit de recommencer ses voyages, de poursuivre ses découvertes, il fut obligé à trois ou quatre reprises d'insister avec la même persévérance, mais sa constance fut couronnée de succès. Le 31 Octobre 1533, il obtint de Philippe de Chabot, amiral de France, l'autorisation « de voyager, découvrir, conquérir à Neuve-Terre ainsi que trouver par le Nord-Ouest le passage à la Chine dorée. » Une première fois, le 20 Avril 1534, après avoir juré fidélité à Messire Charles de Mouy, vice-amiral de France, il partit à la tête de deux navires chacun de soixante tonneaux et de trente hommes. Une seconde fois, le 16 Mai 1535, jour de la Pentecôte, on vit les explorateurs, « du commandement du capitaine et du bon vouloir de tous », se confesser, recevoir ensemble « leur créateur en l'Eglise Cathédrale de Saint-Malo; se présenter au chœur de la dite Eglise... devant Monsieur de Saint-Malo, lequel en son estat Episcopal *leur* donna sa bénédiction » (1). Puis 110 hommes s'embarquèrent le mercredi suivant sur trois vaisseaux, la *Grande-Hermine*, la *Petite-Hermine* et l'*Emerillon*.

Enfin, le 23 Mai 1540, cinq bateaux quittèrent Saint-Malo, commandés par votre compatriote, portant des gentilshommes, des soldats, des matelots, et suivis par un vice-roi, le sire de Robertval.

Le second obstacle affronté par Cartier fut la mer. La mer n'est point toujours cette vaste surface d'azur ou d'émeraude si belle à contempler, c'est une puissance brutale qui réserve des surprises à ceux qui ont le plus parcouru et le plus sondé ses flots, qui se joue cruellement de ses plus passionnés amants. Sur l'océan, sans cesse la mort rôde, passe, repasse, faisant le guet sur les récifs, se déguisant sous les eaux les plus bleues, nous menaçant du sein de la

(1) *Discours du voyage fait par le capitaine J. Cartier*, page 26.

foudre, accourant échevelée, frémissante avec les montagnes d'ondes amères, nous entraînant et nous précipitant dans les abîmes entrouverts. Aujourd'hui, Dieu sait ce que le génie a tiré du fer et du feu pour dominer les tempêtes, quelle connaissance nous avons des côtes, des rochers, des chemins, des courants ! A voir nos vaisseaux grands comme des cités, protégés comme des places fortes, on dirait qu'ils sont invincibles. Illusion ! la mer se rit de notre puissance, elle soulève au sommet de ses lames écumantes de colère, elle abime au fond du vaste tombeau qu'elle a creusé dans son propre sein les monuments de notre science. Pas une de ces vagues, déferlant sur nos grèves, qui ne se soit ruée à l'assaut de nos navires, pas un de ces flots jouant et tressaillant à nos pieds, qui n'ait servi de linceul à un de nos marins !

A quels dangers Cartier ne s'exposait-il pas avec des nefs plus fragiles que nos moindres bateaux de Terre-Neuve ! Qu'il fallait peu de vent pour affoler ses voiles, peu de tempête pour démonter son mât, ensevelir à jamais sa flotte et sa fortune ! Puis, on naviguait dans l'inconnu, sous des climats violents, au milieu de courants que personne n'avait traversés ! Plus d'une fois, la mer fut clémente ; une brise, complice de leurs projets, emportait comme par enchantement et en quelques semaines les navigateurs malouins des ports bretons aux rivages du Nord-Ouest. Mais souvent aussi l'Atlantique opposa à leurs efforts des résistances irritées. Tantôt, un ouragan dispersait les voiliers, les isolant les uns des autres, sans qu'aucun pût savoir ce qu'étaient devenus ses compagnons, les ballottant à son gré, les condamnant à errer de l'est à l'ouest, du nord au midi, obligeant nos matelots à une lutte épuisante, pleine des angoisses de l'agonie et du trépas ; tantôt les ténèbres d'un brouillard venaient désespérer les calculs et arrêter la marche ; tantôt des glaces emprisonnaient les vaisseaux ; un jour, dans le désert des océans, l'eau potable manqua et l'on fut contraint, pour les empêcher de mourir, d'abreuver les animaux avec les boissons destinées aux hommes. A ces heures de détresse tragique où la mort semblait si près, on ne vit jamais fléchir l'énergie de Jacques Cartier ; par son sang-froid, il garda toute son autorité sur ses hommes et je ne sache pas que ceux-ci, imitant les équipages de Christophe Colomb, se soient mutinés contre leur chef ; par son habileté, il triompha des vents et des orages. Il visita les îles, il entra dans les baies, il étudia les caps, il passa les détroits, il sonda les abîmes, il nota les écueils et les lieux de refuge, il aborda les terres tristes, arides, pareilles à *l'héritage de Caïn*, comme les plaines opulentes ; remarquant qu'ici on pourrait établir de riches pêcheries ; là, trouver des oiseaux, du gibier, des fourures, des arbres, des fruits ; remontant le Saint-Laurent, se livrant à ces longs voyages de reconnaissance, à ces recherches compliquées sans perdre ni un vaisseau, ni un marin, tant il sut maîtriser avec prudence les événements et les choses, gouverner les âmes dans la sagesse et dans la bonté.

Ce que la mer, la glace, le vent, la tempête n'avaient pu faire, la maladie l'accomplit. Le froid excessif et perpétuel affaiblit d'abord les navigateurs qu'avaient déjà exténués les fatigues et les privations ; puis un mal étrange s'abattit soudain sur les équipages. Dès les premiers jours, les victimes du fléau s'abimaient dans une prostration profonde, les jambes enflaient, des taches noires couvraient toute la surface du corps, les nerfs se contractaient, les dents ébranlées finissaient par tomber, la bouche endolorie devenait fétide, s'en allait en lambeaux : c'était le scorbut. Les infortunés, en proie à d'affreuses souffrances, appelaient la mort avec impatience ; la mort parut, frappant sans pitié cette jeunesse et cette vaillance. En quelques semaines vingt-six hommes succombèrent ; le 10 Février 1536, il n'y avait plus que dix marins debout ; bientôt, il n'en resta que trois. Personne n'était assez fort pour creuser des tombes, on ne put qu'ensevelir les cadavres sous la neige.

Ah ! je ne puis m'empêcher d'envoyer à ces fils de nos rivages un souvenir vibrant, de répandre à 400 ans de distance des larmes brûlantes sur la douleur de leurs derniers moments. Mourir sur le champ de bataille, rapidement, d'une balle, quand les drapeaux frissonnent d'enthousiasme, quand les clairons sonnent la charge, chantent la Patrie, promettent la victoire ; mourir dans la tempête, après avoir lutté avec acharnement contre la fureur des éléments, succomber après l'avoir défiée, sous la montagne des flots en rage, c'est grand, c'est glorieux, c'est facile, le trépas est environné de tout ce qui peut le rendre séduisant ; mais s'étioler lentement, sur un grabat hideux, de la fièvre, du typhus, du choléra, sans pouvoir se défendre contre les coups d'un ennemi insaisissable, c'est odieux ; la mort est environnée de tout ce qui la rend inacceptable. Marins de France et de Bretagne, victimes sacrées du patriotisme et de la colonisation lointaine, salut à vos tombeaux de neige ; plus votre agonie a été dure, plus vous nous êtes chers ; nous versons sur vos âmes nos prières chrétiennes, nous ensevelissons dans une mémoire éternelle vos noms et votre intrépidité !

Il y avait de quoi perdre courage, Cartier vit le jour où tout son équipage allait périr de l'épidémie. Loin de s'abandonner, notre compatriote lutta avec une énergie qui ne se démentit pas. D'abord, par sa force morale, il échappa lui-même au mal, et pendant toute la durée de l'épreuve, il fit face, debout, au désespoir de la situation. Il importait, avant tout, de cacher aux indigènes de Stadaconé l'état lamentable de la mission ; par des manœuvres bruyantes commandées aux quelques hommes dont il disposait encore, le capitaine donna le change aux sauvages, et jusqu'à la fin, leur dissimula le drame qui se passait à bord. Puis il soigna les malades, remonta les volontés défaillantes, prépara les agonisants à la mort, enterra les cadavres. Pour arrêter le fléau, il l'étudia de son mieux, alla jusqu'à faire l'autopsie du jeune Rougemont d'Amboise, une des premières victimes, se rendit compte de l'effet du scorbut sur le cœur, sur le sang, sur le foie, sur les entrailles, et, à bout de ressources, finit par surprendre, sans trahir sa propre angoisse, le secret des remèdes au moyen desquels les indigènes se guérissaient eux-mêmes. En un instant, l'arbre précieux fut dépouillé de ses feuilles, des infusions administrées aux mourants, des compresses appliquées aux membres flétris ; la vie et l'espérance commencèrent à renaître, les couleurs reparurent ; Jacques Cartier avait sauvé son équipage du fléau comme il l'avait sauvé des tempêtes.

J'ai prononcé le nom des Indigènes qui habitaient ces contrées. Ces peuples n'étaient point sans intelligence, mais ils offraient un mélange inouï des qualités que Dieu a déposées au commencement dans la nature humaine et des vices que la barbarie développe à un si haut degré. D'une naïveté, à certains égards, enfantine, ils passaient de la plus grande franchise aux procédés les plus retors de la fourberie ; aux renseignements exacts, ils ajoutaient les conseils d'une perfidie consommée ; doux par tempérament, ils se livraient aux représailles d'une cruauté féroce ; d'une mobilité incapable de se fixer, ils alternaient sans cesse entre les témoignages de l'amitié et les manifestations d'une hostilité subite autant qu'inexplicable. A peine avaient-ils prodigué au capitaine leurs hommages et leurs présents qu'ils appelaient les tribus voisines, ourdissaient des complots, poussaient le cri de guerre. Au moment où l'on se croyait le plus en sûreté, tout à coup des hurlements farouches se faisaient entendre, des légions armées de flèches apparaissaient sur le rivage, des multitudes de pirogues couvraient les environs des navires et menaçaient les étrangers.

Jacques Cartier inaugura vis-à-vis de ces nations primitives le système d'humanité qui devait faire l'honneur de la colonisation française. Jamais il ne les traita comme des races d'une espèce inférieure qu'on peut sans scrupule dépouiller de leurs droits, de leurs biens, de leur liberté, qu'on est autorisé à chasser de leur pays, à courber sous un joug écrasant, à persécuter sans pitié, à tuer sans remords. Le pilote de Saint-Malo ne fut ni un messager d'esclavage, ni un messager de mort, mais au contraire, héraut de la lumière, de la civilisation, de la charité, il mit tous ses efforts à faire luire sur ces côtes farouches et perdues dans les ténèbres, l'aurore de la vérité et de la paix. Il se plut à discerner les ressources cachées de ces âmes sans culture, à deviner le parti qu'on en pouvait tirer, à éveiller en elles des idées, à adoucir leurs mœurs. Plus tard, des gens sans aveu armeront les Algonquins contre les Iroquois, changeront en luttes sanglantes les efforts de colonisation. Jacques Cartier ne connut point ces criminels procédés ; sa venue au milieu des fleuves, des forêts, des pauvres hameaux fut l'apparition d'une puissance bienfaisante et d'une affectueuse compassion. Sans doute, il dut se mettre en garde pour ne point tomber dans des pièges, employer la peur pour échapper aux dangers, bâtir des forts pour protéger son personnel contre les attentats, mais il s'évertua à gagner par la bonté ceux qu'il était décidé à ne point subjuguer par la violence. Il sourit de leurs appareils de sorcellerie, il ne s'en irrita pas, il démasqua leurs complots, il n'en tira point vengeance ; à la prudence qui veille, il sut allier la confiance qui gagne ; à la générosité qui donne, la dignité qui en impose. Autant que possible, il s'assura leurs sympathies, au point que les tribus voulaient le retenir au moment de ses départs, les chefs lui confiaient leurs fils, les malades s'adressaient à lui comme à un miraculeux guérisseur, et aux applaudissements de tous, les vieillards déposèrent sur sa tête l'esurgui qui était l'ornement le plus précieux du pouvoir.

Quand il partit pour regagner définitivement la Bretagne, non seulement Jacques Cartier avait découvert des mondes inconnus, tracé les chemins à ses successeurs, exploré les littoraux du Labrador et de Terre-Neuve, mais les baies, les caps, les détroits, les îles, les rivières portaient des noms de France ; sur les bords du Saint-Laurent on acclamait notre roi, le grand navigateur avait fait aimer une nation que Dieu a faite pour porter aux confins du monde le bien et la prospérité.

Plus tard, notre race émigrera jusqu'en ces pays perdus, on verra s'élever des cités opulentes, Québec et Montréal rivaliseront avec les centres les plus civilisés de l'Europe, notre sang se perpétuera avec une fécondité et une rapidité inouïes, notre langue et nos traditions se propageront jusqu'au sein des Etats-Unis, une vertueuse population sortira de nos efforts et de nos travaux. C'est Champlain qui aura l'honneur de cette première organisation, mais celui qui avant tous a touché et charmé ces rivages, le créateur de la Nouvelle-France, c'est Jacques Cartier.

II

Jacques Cartier ne rêvait pas seulement de conquérir des territoires à la France, une autre ambition hantait son esprit : il voulait donner à l'Eglise de nouveaux fidèles, porter à des âmes ensevelies dans l'erreur l'Evangile de la vérité. Sa lettre à François Ier est pleine de ce désir, elle s'arrête longuement à la nécessité dans laquelle nous sommes de répandre jusqu'aux extrémités de la terre la nouvelle du salut, au miséricordieux dessein qu'a Dieu de faire luire à la fois le soleil de son ciel et la splendeur de son verbe sur tous les hommes, au devoir qui incombe au roi de France de rivaliser de zèle avec le roi d'Espagne, d'opposer l'apostolat catholique à la propagation luthérienne. En agissant ainsi, le capitaine servait encore son pays, car les jours où nos lèvres ont été plus éloquentes, où notre patriotisme a eu de plus héroïques coups d'aile, où notre générosité a créé des œuvres plus bienfaisantes, ont été inspirés par la contemplation et l'amour de Celui qui concentre en sa personne toutes les perfections de l'homme et toutes les perfections de Dieu : Jésus-Christ. Si notre drapeau s'est fait honorer d'un bout à l'autre de l'univers, c'est qu'il enveloppait la croix, c'est qu'il enveloppait dans ses plis l'incomparable civilisation catholique ; si les peuples se sont attachés à nous par les liens d'une affection unique dans l'histoire des siècles, c'est qu'après leur avoir montré les chemins de la France, nous leur apprenions les voies du ciel et de l'immortalité. Dans cette union, dans cette pénétration réciproque de notre âme et de notre foi, est tout le secret de notre puissance. A partir de l'heure où nous aurions apostasié par un acte définitif, nous aurions perdu avec notre faculté de vivre, notre faculté de conquérir, car nous aurions perdu l'âme de notre nation : la religion catholique.

La science, le pouvoir, le culte emphatique de l'humanité eussent arrêté Cartier comme ils avaient arrêté Christophe Colomb ; c'est le souffle de la foi qui enfla leurs voiles et les lança sur les chemins des flots. Si je parle ainsi, ce n'est pas que je craigne cette apostasie, je sais trop l'histoire de mon pays, j'ai trop souvent senti son cœur, le Christ nous a trop aimés, son sang s'est trop mêlé au nôtre. Malheur et anathème à quiconque tentera de rompre les fiançailles contractées dans l'adoration, perpétuées dans les luttes, dans les triomphes, dans la vie, dans la gloire, entre notre race et la Divinité. Ennemi de sa patrie, il verra se retourner contre lui les énergies saines et irritées qui fermentent en notre sein, crouler à jamais dans la banqueroute et dans la honte les théories et les œuvres de mal édifiées par sa folie, et sur les décombres s'embrasser dans une étreinte plus brûlante que jamais la croix et le drapeau. Non, je n'ai point peur de cette apostasie, mais il me plaît d'acclamer une fois de plus le Dieu qui, par ses bénédictions et son esprit, a fait notre prospérité au dedans et imprimé son impulsion à notre génie d'expansion au dehors.

Jacques Cartier travaillait donc pour la France quand il s'en allait au loin avec le dessein de rendre les contrées qu'il découvrirait au Christ mort pour les hommes de toute langue et de toute couleur.

C'est par l'exemple qu'il émut d'abord les tribus qu'il rencontra, il leur apparut non point seulement comme le champion de la civilisation naturelle, mais comme le serviteur de Dieu, il leur donna le spectacle de la prière et de l'adoration. Dans les récits qu'il nous a laissés de ses voyages et de ses travaux, il raconte à chaque instant que les dimanches et jours de fête tout son équipage assistait à bord ou sous les arbres au saint-sacrifice de la messe, peut-être célébré par un prêtre, peut-être récité par un matelot ; puis on chantait des psaumes, des litanies et des invocations à la Vierge devant les sauvages recueillis. Quand le scorbut vint frapper dans les rangs des rudes explorateurs, immédiatement les yeux du pilote se levèrent du côté du ciel, une procession fut organisée, un pélerinage promis à Notre-Dame de Rocqamadour. Quand les habitants d'Hochelaga amenèrent à Jacques Cartier leurs malades pour qu'il les guérît, celui-ci ne se posa point en thaumaturge, ni en sorcier, il ne couvrit point les infirmes de rites ridicules, mais il prononça sur les douleurs l'Evangile de St-Jean, il lut à haute voix la passion de N.-S., révélant ainsi à ces malheureux de quelle puissance est pour la vie et pour la mort le Dieu que nous adorons.

La religion catholique n'est pas faite pour les anges, elle est faite pour les hommes. Or les hommes ont besoin de signes qui servent à résumer en eux les vérités qu'il faut croire et les amours qu'il faut pratiquer. Le signe qui est l'abrégé de l'Evangile, c'est la croix. C'est pourquoi il faut partout des croix, il en faut sur les poitrines héroïques pour les exalter, sur les poitrines fragiles pour les soutenir, il en faut dans les champs, au détour des chemins, au sommet des montagnes, au bord des abîmes de la mer et des précipices, au milieu des cités, aux faites des édifices et des monuments, afin que partout domine l'idée de la Rédemption qui éclaire le monde et l'embrase. Cartier distribua aux sauvages des croix qu'il leur recommanda de vénérer comme des talismans précieux, puis il éleva des calvaires gigantesques destinés à publier sans cesse le mystère ineffable dont la terre a été, il y a deux mille ans, le témoin. Ces barbares adoraient des dieux méchants comme des démons, des dieux occupés de vengeance plus que de pardon, maudissant au lieu de bénir, livrant au supplice et au trépas au lieu de conduire à l'éternité. Quels sentiments inconnus n'éprouvèrent-ils pas en face de cette croix révélatrice d'un Etre souverain qui par amour pour nous s'est livré au tourment, et pour nous plonger dans le torrent de la vie, s'est jeté dans les bras de la mort !

Enfin, Jacques Cartier parlait. Jaloux d'initier ces générations à la connaissance détaillée de la foi, il racontait avec attendrissement l'histoire du Christ, les épisodes de l'enfance, de la vie publique, les miracles, il mettait en relief l'amour de Jésus pour les pauvres, pour les pécheurs, pour les affligés. Puis, autant que le permettait la difficulté dans la communication des langues, il représentait devant leurs yeux les scènes dramatiques de la Passion et du Golgotha, il rappelait les transes, les cris de douleur et de miséricorde qui avaient retenti à l'heure de l'agonie et du crucifiement.

Les efforts de son zèle ne furent point stériles, les lèvres malhabiles apprirent à prononcer le nom de Jésus, bientôt ce nom béni retentit dans les huttes misérables, sur les lacs, dans les forêts, dans les îles, sur le Saint-Laurent ; on se répéta de proche en proche ce qu'on avait entendu, le récit du Calvaire hanta les pensées et les souvenirs, l'image du Sauveur passa devant les âmes impressionnées, la foi se préparait un terrain et traçait ses sentiers. Un jour même, à Hochelaga, une foule supplia Cartier de lui administrer le baptême. Le capitaine refusa, sachant que non-seulement l'Eglise répudie les conversions forcées, mais encore les abjurations hâtives que n'ont pas précédées une instruction sérieuse et une réflexion suffisante. Bientôt, ici-même, le héros eut la joie de voir plonger les premiers indigènes dans les eaux de la régénération, de servir de parrain aux premiers-nés de l'Eglise canadienne. Dans la terre qu'il avait découverte, la croix pénétrera à d'indéracinables profondeurs. Une civilisation à jamais catholique fleurira sur les rives du Saint-Laurent. En face du génie anglo-saxon se perpétuera un progrès auquel donneront tout son éclat l'esprit d'Athènes et de Rome, la sève et la vertu du pur évangile. Des universités enseigneront la philosophie la plus raisonnable du monde et la littérature la plus brillante ; le langage et la pensée se mettront au service d'un dogme qui est jeune, car il s'harmonise avec toutes les initiatives, qui est immuable car il est éternel, au service d'une morale qui sauvegarde ensemble l'ordre, la beauté, les intérêts. Au sommet de l'Amérique du Nord, le Canada sera le témoin fidèle du vrai Christ et de la véritable Eglise. Pendant que ses voisins se pencheront vers la matière pour en tirer les trésors qu'elle contient, le Canada fera jaillir de l'esprit l'étincelle sacrée qui éclaire la marche du monde ; pendant que le protestantisme jettera aux quatre vents du ciel les pierres du foyer, permettant de changer d'épouse quand on change d'Etat, le Canada maintiendra avec une fermeté inflexible l'unité de l'amour, l'indissolubilité du lien conjugal, l'honneur et la solidité de la famille ; pendant que dans la grande Démocratie le moindre halluciné se fera suivre et acclamer comme s'il était Elie ou Isaïe, le Canada ne donnera son suffrage qu'aux anciens prophètes, seuls inspirés de Dieu ; pendant que la théorie du libre examen entraînera dans une anarchie sans contrepoids les intelligences et les âmes, le Canada, par son attachement au siège de Pierre, gardera la même foi et la même discipline. La race de nos colons envahira la puissante République, fondera partout des Catholicités qui répandront la langue des ancêtres et la religion de Rome, et ainsi la Nouvelle France jouera vis-à-vis de l'Amérique, le rôle de la vieille France vis-à-vis du monde.

Les moines qui avaient pétri l'âme des Malouins trempèrent de christianisme pur la famille canadienne ; les fils de Saint-Ignace, de Saint-François travaillèrent avec une énergie admirable et le succès dépassa leurs espérances. Mais avant eux, le capitaine breton avait planté des croix, répandu des prières, fait connaître Jésus et germer la foi sur ces terres lointaines ; Jacques Cartier fut le premier inventeur des bords du Saint-Laurent, il en fut aussi le premier apôtre et le premier missionnaire.

Rentré dans notre pays, le héros partagea sa vie entre la cité de Saint-Malo et le domaine de Limoilou. Il avait servi sa patrie sans s'enrichir, sans faire profiter la fortune publique à sa fortune privée, sans même sortir de sa modeste aisance.

N'ayant point d'enfant, il aimait à s'occuper de ceux des autres, il fut *grand compère* à vingt-sept baptêmes, il assista à plus de cinquante en qualité de témoin. En 1557, la peste éclata à Saint-Malo, Jacques Cartier se dépensa sans compter au service des malades, il mourut le 1er septembre, probablement victime de son dévouement. Ses compatriotes voulurent honorer sa mémoire, il fut inhumé sous les voûtes de cette antique cathédrale ; c'est ici que les générations bretonnes et les générations canadiennes sont venues vénérer ses cendres ; c'est ici que le Dieu du jugement et de la gloire viendra les toucher et les ranimer pour les transfigurer dans la vie éternelle

Il était utile, mes Frères, à l'heure où la déroute des pensées et l'égarement des volontés jettent la France et le monde dans une crise redoutable, de faire apparaître l'héroïque physionomie de

Jacques Cartier. Une doctrine infernale a osé se produire au milieu des sociétés, doctrine qui, si elle triomphait, jetterait les peuples dans une anarchie sans remède et rendrait bientôt la vie impossible. Des sectaires, — au moyen de quelle propagande, de quels mensonges, de quelles violences ! — se sont efforcés d'arracher du cœur les deux vertus qui nous conduisent à la plus haute valeur ; l'amour de Dieu et l'amour de la Patrie. Nous réagirons, Messieurs, contre le torrent de l'erreur et de l'impiété, nous graverons plus profondément que jamais dans le sol de notre âme le double sentiment qui a fait notre valeur et notre victoire dans le passé. Je suis à l'aise pour tenir ce langage au milieu de cette fête de la gloire et de la fraternité, devant cette grandiose assemblée dont j'essaierais en vain de compter les flots frémissants. Tous ont contribué à donner à cette solennité son cachet de splendeur, le curé de Saint-Malo, le Maire et la Municipalité ont rivalisé de zèle ; un comité intelligent et organisateur a tout ordonné et tout prévu sous la direction d'un président dont le bras est aussi actif que sa lyre est harmonieuse ; la voix de notre cher et illustre barde a enthousiasmé la générosité de la Nouvelle-France, l'or du Canada s'est mêlé à l'or français ; nos députés au Parlement se sont assis aux côtés de nos officiers et de nos marins ; les canons de nos escadres ont uni leur note prolongée aux allégresses de nos cloches ; puis, sur la Hollande, en face de l'océan si beau et si tourmenté, un artiste puissant a fait émerger de l'airain une statue à la fière attitude, à la poitrine dilatée. au regard plein de pensée, de mélancolie, d'espérance. Le même souffle, Messieurs, nous a tous poussés sur ce rocher, à l'ombre de ces voutes séculaires, le même sentiment a inspiré le prêtre et le magistrat public, le barde et l'artiste : le culte de la France et le culte du Christ. Loin de le laisser s'étioler dans nos âmes, nous l'obligerons à monter encore. A l'école de Jacques Cartier, nous apprendrons que l'on doit préférer son pays à la tranquillité de son foyer, à la sécurité de sa vie, à l'étroitesse de son bonheur ; pour le servir, nous n'hésiterons jamais à voler sur les champs de bataille, à braver les tempêtes, à marcher au premier rang, à nous exposer avec transport aux coups, aux blessures, à la mort ; vos marins continueront à sillonner les mers, à visiter le monde, à nous conquérir des sympathies, à faire connaître partout le nom et la langue de la France. A l'école de Cartier, nous saurons que la religion est la base de toutes les autres vertus, que c'est par elle que les esprits se trempent, que les courages se soutiennent et se divinisent. Nous la respecterons, nous la pratiquerons, nous souvenant que les fronts ne sont pas moins hauts parce qu'ils s'élèvent vers le ciel, que les coups de barre ne sont pas moins audacieux parce qu'ils ont été mis sous la protection de Dieu; nous la propagerons, convaincus que sans elle, non seulement la vie éternelle nous échappe, mais encore que la paix, la prospérité, l'ordre du présent s'en vont en lambeaux. Soyez-en sûrs, l'avenir n'appartient ni à l'impiété, ni à l'internationalisme, mais à la foi et au patriotisme. Que toutes les énergies s'unissent donc dans un élan pour donner un nouveau prestige aux deux vertus auxquelles la Providence réserve encore de si beaux jours, que votre cité demeure à jamais l'école de la religion et de la vaillance, que le spectacle de la vie de Jacques Cartier soit dans ces régions malouines un stimulant de plus, que le cri qui a gonflé tant de voiles, embrasé tant de cœurs, suscité tant d'efforts et tant d'héroïsmes, ce cri banal à force d'être répété, redevienne notre devise : pour la France et pour Dieu, jusqu'à la mort ! — Ainsi soit-il.

Et pendant que la foule s'inclinait une dernière fois vers le chœur, que le Cardinal Archevêque venait de quitter, et se dispersait, emportant dans son cœur la semence de la parole sainte et le souvenir d'une grande émotion patriotique et religieuse, les voûtes de la cathédrale retentissaient au chant du cantique :

FRANÇAIS, CHRÉTIEN ! (1)

I

Quand il rêvait de conquête lointaine,
Jacques Cartier, le vaillant capitaine,
Voulait remplir un double vœu ;
C'était d'unir dans la même entreprise
Ses deux amours, la Patrie et l'Eglise :
Gloire à la France et gloire à Dieu !

Refrain

Français, Chrétien, toi qui dors sous ces dalles,
Inspire-nous, afin que comme toi
Nous possédions ces vertus cardinales,
Le Patriotisme et la Foi.

II

Devant l'évêque, en cette Cathédrale,
Ses gens et lui, d'une ferveur égale,
S'agenouillèrent, le front bas,

(1) Ce cantique, paroles et musique de Louis Tiercelin, a été publié par l'éditeur rennais Charles Morice, au *Ménestrel Breton*.

Et pour partir, le drapeau de la France
Qu'ils arboraient, symbole d'espérance,
Flottait sur le plus haut des mâts.

(*Refr.*) Français, Chrétien (etc.).

III

Et quand, là-bas, sur ces nouveaux rivages,
Doux conquérant de ces hommes sauvages,
Il voulut affirmer nos droits,
Aux yeux de tous, jour de sainte allégresse,
Pieusement, en double hommage, il dresse
Le blason de France et la Croix.

(*Refr.*) Français, Chrétien (etc.).

IV

Heureux d'avoir apporté la semence
Qui doit germer dans ce pays immense
Que ce bon Français a fait sien,
Quand vient la mort, sur la terre natale,
C'est dans la paix de cette Cathédrale
Qu'il veut dormir, le bon Chrétien !

(*Refr.*) Français, Chrétien (etc.).

BANQUET DE LA MUNICIPALITÉ

A midi, dans la salle des Fêtes de l'Hôtel-de-Ville, le Maire et le Conseil municipal recevaient leurs invités.

M. Jouanjan présidait, ayant à sa droite M. le Sous-Préfet de Saint-Malo, à sa gauche M. le Contre-amiral Leygue, commandant la division cuirassée de l'escadre du Nord présente dans les eaux de Saint-Malo. En face du Maire était assis M. René Brice, député, président du Conseil Général d'Ille-et-Vilaine et président d'honneur des Fêtes, avec, à sa droite, M. Louis Tiercelin et l'Honorable A. Turgeon ; à sa gauche, M. Rougnon de Mestadier et M. le sénateur Garreau. Puis c'étaient MM. les députés de Saint-Malo, le Général Méert, le Commissaire général du Canada, les adjoints au maire et les conseillers municipaux de Saint-Malo, les vice-présidents du Comité du Monument, MM. Edmond Saint-Mleux et Armand Houitte de la Chesnais, M. le Commandant du Génie Reige, M. le Colonel de Laporte d'Huste, M. le Lieutenant-colonel Estrabon ; MM. Charles Saint-Mleux, secrétaire du Comité du Monument, Georges Saint-Mleux, président de la Commission des Fêtes ; M. Pottier, administrateur de la marine ; MM. les Commandants du *Bouvines*, du *Henri IV* et de l'*Arquebuse* (1), du *Baliste*, du *Bélier* et de l'*Elan*, et M. Laugier, chef d'état-major de l'amiral ; MM. Demalvilain, maire de Saint-Servan, et W. Rouxin, maire de Paramé ; M. E. Dupont, président de la Société Archéologique ; le barde Théodore Botrel, le statuaire Georges Bareau et L. Brémont ; M. le capitaine du génie Multzer O'Naghten ; MM. Bénard, architecte de la ville, Bernardin, directeur du Casino municipal ; MM. L. J. Ethier et R. Bauset ; M. Lemieux ; MM. François Bazin, directeur du *Salut*, Charles Vié, rédacteur en chef du *Républicain*, Garrigue, du *Nouvelliste* de Bretagne, de la Morinière, de l'*Ouest-Eclair*, etc., etc.

Voici le menu du déjeuner :

VILLE DE SAINT-MALO

(Au-dessous, les armes de la Ville, flanquées d'un drapeau français et d'un drapeau canadien)

BANQUET DU 23 JUILLET 1905

à l'occasion des fêtes de l'inauguration du Monument de Jacques Cartier

MENU (2)

Tartelettes alsaciennes

Saumon de la Loire sauce vert-pré

(1) Les contre-torpilleurs *Arquebuse*, *Baliste* et *Bélier* avaient accompagné les trois cuirassés.

(2) Le banquet était servi par la maison Gaze, de Rennes.

Filet de Marcassin à la Cumberland
Pintades à la Nantua

Punch glacé à la Romaine

Poulardes du Mans truffées
Salade panachée

Cœurs d'artichauts à l'estragon

Médaillons de foies gras à l'Hermine

Glace Médicis
Gaufrettes vanille, Petits fours
Coupes de raisins, pêches, abricots, prunes

Tisane de Champagne en carafes
Graves et Médoc
Château La Tour Blanche, Chablis, Ermitage-Ludon, Volnay
Champagne Moët et Chandon
Café, liqueurs

Au champagne, M. le Maire de Saint-Malo se lève et ouvre ainsi la série des toasts.

TOAST DE M. CH. JOUANJAN

Messieurs,

C'est un grand honneur, en même temps qu'un véritable plaisir pour moi, de vous souhaiter la bienvenue à l'Hôtel de Ville et de vous remercier d'avoir accepté l'invitation du Conseil Municipal de Saint-Malo.

La fête, que nous sommes si heureux de célébrer avec vous, va grouper autour de la statue de Jacques Cartier des Français de même origine, unis dans une seule et unique pensée : faire revivre le souvenir de celui qui pouvait paraître oublié parce que son image ne se dressait pas sous une forme tangible, mais dont la gloire incontestée planait comme une auréole sur sa ville natale.

Ce que fut Jacques Cartier, ce qu'il accomplit avec tant de sage et patiente énergie, vous allez l'entendre rappeler en termes plus éloquents et plus vibrants que ceux que je pourrais emprunter moi-même. Permettez-moi toutefois de vous dire que cette cérémonie revêt aux yeux de notre population malouine un caractère tout spécial d'intimité et de solennité. Ce sont, en effet, des Malouins qui ont eu la pensée d'élever à celui qui a porté si loin le nom de Saint-Malo un monument durable ; ce sont des Bretons qui ont sollicité les bonnes volontés et permis de réaliser le rêve caressé depuis si longtemps ; ce sont des Français d'outre-mer qui n'ont pas hésité à accomplir un long voyage pour rendre hommage, au nom des Canadiens du Saint-Laurent, au fondateur de la Nouvelle-France ; c'est l'escadre du Nord qui vient rehausser l'éclat de cette fête et saluer l'une des figures les plus glorieuses de la marine française.

N'ai-je donc pas raison de dire qu'aucune arrière-pensée ne peut se mêler à la joie universelle ; que, tous ici, nous ne sommes réunis que pour payer notre tribut d'admiration et de reconnaissance à celui qui ne poursuivait qu'un seul but : étendre au loin l'influence de son pays, l'enrichir sans violence, créer une nouvelle France semblable à celle qu'il quittait, aussi glorieuse et aussi prospère à la fois.

Aux membres du Parlement qui nous ont donné tant de preuves de dévouement et à vous en particulier, mon cher sénateur, qui n'avez rien épargné pour mener à bonne fin l'œuvre entreprise ; au Conseil général qui nous a généreusement aidés et près duquel vous voudrez bien, M. le Président, être notre interprète ; à M. le Préfet d'Ille-et-Vilaine qui a appuyé de sa haute autorité les démarches faites auprès du Gouvernement ; à tous ceux qui ont contribué à doter la ville de Saint-Malo du monument qui ornera l'une de ses plus belles promenades, j'adresse nos remerciements les meilleurs. A vous, amiral, en vous priant de transmettre à M. le Ministre de la Marine et au vice-amiral commandant en chef de l'escadre du Nord l'expression de notre vive gratitude, je dirai que si nous éprouvons une grande joie à recevoir sur notre rade la flotte française, si notre population accueille gaiement les marins de l'escadre, elle sait aussi prendre sa part du deuil qui vous a douloureusement frappés à Bizerte. S'il nous est enfin donné d'admirer, aussi loin que la vue peut s'étendre, le splendide panorama qui s'étend du cap Fréhel à la pointe de la Varde, c'est à vous, mon général, que nous le devons ; à M. le commandant du génie et à ses collaborateurs, qui nous ont donné sans compter leur précieux concours.

M. le Ministre du Canada, si, contrairement à l'usage protocolaire, je m'adresse à vous en dernier lieu, excusez, je vous prie, cette incorrection. Elle n'a pour cause que le profond désir de vous considérer comme faisant partie pour quelques jours au moins de la famille malouine. Ce n'est donc pas seulement comme des amis que nous vous accueillons, mais comme des frères qui ne sont séparés de nous que par l'Atlantique et dont les cœurs battent à l'unisson des nôtres. Depuis quelques années, les relations entre nos deux populations se multiplient, les liens se resserrent plus étroitement encore, et le souvenir de ces fêtes ne pourra que cimenter davantage ce que je ne puis m'empêcher d'appeler l'entente fraternelle.

Messieurs, je lève mon verre à la santé du chef de l'Etat, de M. le Président de la République, à la marine française, à nos frères canadiens, aux hôtes de la ville de Saint-Malo.

M. Robert Surcouf prend ensuite la parole et dit très spirituellement :

TOAST DE M. ROBERT SURCOUF

Messieurs,

Tous ceux d'entre vous qui ont assisté au banquet qui clôtura, il y a sept ans, les fêtes données en l'honneur du Cinquantenaire de la mort de Chateaubriand, ont gardé le souvenir du toast si fin, si éloquent, de M. Ferdinand Brunetière, de l'Académie française.

Après avoir, avec une bonne humeur charmante, passé en revue un certain nombre des villes de France où le hasard des circonstances pourrait l'amener à adresser des remerciements et des compliments aux habitants, il nous dit :

« A Marseille, aux Marseillais, je dirais : votre ville est une des « plus antiques de France et vous aviez 600 ans d'histoire avant « Jésus-Christ.

« A Lyon, vous êtes la ville de la Renaissance et de la Soie.

« Aux habitants de Blois, je vanterais l'aspect particulier de leur « ville, qui a tissu pour ainsi dire sa propre histoire dans l'histoire « de nos rois.

« A Toulouse, je trouverais bien aussi quelque chose à dire »... (et ce n'est pas M. l'amiral Leygue qui l'aurait démenti ?)

« A Saint-Malo, qui compte tant d'hommes illustres », et d'un geste large, dans un mouvement d'éloquence émue, saluant d'un mot précis, qui était toute une histoire, chacun des grands hommes qui pendaient au mur dans leurs cadres, évoquant invinciblement en nos esprits la scène des portraits d'Hernani ; « à Saint-Malo, « dit-il, que voulez-vous que j'ajoute à cette énumération sinon de « vous dire : Messieurs les Malouins, continuez ! »

Le compliment était à coup sûr flatteur, mais il n'allait pas sans quelque ironie malicieuse.

Aujourd'hui, permettez-moi, Messieurs, de reprendre ce mot, en lui donnant un autre sens.

S'il est vraiment présomptueux et surtout difficile de vouloir imiter les héros, alors que les temps héroïques ne sont plus, c'est toujours un devoir sacré pour nous de les célébrer et de les honorer.

Quatre de nos grands hommes seulement dressent à l'heure qu'il est leurs statues sur nos places ou sur nos murs : Duguay-Trouin, Chateaubriand, Robert Surcouf et Jacques Cartier, que nous allons inaugurer tout à l'heure.

C'est peu pour une ville qui compte tant de gloires de toutes sortes, car combien sont-ils encore d'illustres et qui attendent.

Et Lamennais, et Porcon de la Barbinais, et Maupertuis et Mahé de la Bourdonnais, et André Desilles, et Broussais, et La Mettrie, et Trublet, et tant d'autres...

Ah ! Messieurs, nous pouvons nous écrier, non sans fierté, avec Chateaubriand dans ses Mémoires d'Outre-Tombe : « Tout cela n'est pas trop mal pour une enceinte qui n'égale pas celle du Jardin des Tuileries ! »

A quand donc, Messieurs, votre Panthéon Malouin ?

Vous avez commencé, Messieurs les Malouins, continuez !

Je lève mon verre aux jours que je souhaite prochains, où Saint-Malo rehaussera d'une ceinture de bronze sa ceinture de pierre !

Je bois à mes collègues du Parlement, qui ont honoré cette fête de leur présence, aux représentants de l'armée et de la Marine, au Président du Comité, à M. l'amiral Leygue, qui porte un nom si sympathique au Parlement, à la Marine du passé que je ne sépare pas de celle de l'avenir.

Je porte la santé de M. le Ministre du Canada, Turgeon, dont nous connaissons depuis longtemps la situation prépondérante dans son pays et qui était précédé chez nous par la sympathie que nous avons pour son parent, le distingué professeur à la Faculté de Droit de Rennes ; à M. le Maire de Saint-Malo, notre aimable amphytrion, et à la ville de Saint-Malo ! !

On applaudit à l'espoir que nous ouvre le toast de M. Robert Surcouf de nous retrouver à pareille fête pour une nouvelle statue, et c'est maintenant au tour de M. La Chambre, député de la première circonscription de Saint-Malo.

TOAST DE M. C. LA CHAMBRE

MESSIEURS,

Sans vouloir anticiper sur les discours qui seront prononcés tout à l'heure à la cérémonie d'inauguration, je cède au désir d'adresser dès maintenant de chaleureuses félicitations au Président et aux Membres si dévoués du Comité qui s'est formé pour l'érection d'un monument à Jacques Cartier. Ils doivent être remerciés d'autant mieux que leur tâche a été plus laborieuse et plus difficile ; et après avoir été si longtemps à la peine, ils ont bien mérité d'être enfin aujourd'hui à l'honneur. Le pays malouin tout entier, le département d'Ille-et-Vilaine, la France elle-même, et jusqu'au Canada s'associent à cette fête, qui prend ainsi un caractère de solennité particulière ; le salut de l'escadre à la terre natale du grand navigateur vient en achever le couronnement.

Aux yeux de tous, Jacques Cartier apparaît comme le hardi pionnier, comme l'illustre découvreur de la Nouvelle-France, cette terre qui fut la plus ancienne colonie de la mère-patrie. Pour ses concitoyens, il est cela, et il est aussi quelque chose de plus : il personnifie et il symbolise pour ainsi dire cette race de vaillants marins de nos côtes qui se sont fidèlement transmis de siècle en siècle les glorieuses traditions du grand ancêtre.

C'est Duguay-Trouin faisant, à la tête d'une escadre française, le siège fameux de Rio-de-Janeiro. Ce sont les capitaines malouins de la Compagnie des Indes apportant un tel degré de prospérité à la Cité, qu'elle est en mesure de prêter trente millions à Louis XIV ; — ce sont ensuite nos hardies générations de corsaires qui, pendant un siècle et demi, exercent sur les mers un véritable empire !

Enfin, Jacques Cartier a montré à ses compatriotes le chemin de ce qu'on appelait à l'époque les « terres neuves » ; depuis, dans ces parages, nos vaillants pêcheurs n'ont pas cessé de poursuivre leurs périlleuses campagnes ; ils en reviennent aguerris, prêts à former l'élite des équipages de cette belle escadre qui est sur notre rade.

A tous ces signes divers, il n'est pas possible de se méprendre : c'est bien là toujours le sang de Jacques Cartier !

Mais, en même temps que la cérémonie d'aujourd'hui est la fête de notre grande famille maritime, l'éclat s'en trouve encore rehaussé par la présence de l'honorable Ministre des Terres de la Province de Québec et des membres insignes de la délégation canadienne que nous sommes heureux de saluer ici.

Ils nous apportent comme le témoignage vivant de l'œuvre entreprise par Jacques Cartier au delà de l'Atlantique, et ils ont tenu à venir renouer, au milieu de nous, la chaîne de tradition qui les unit à notre commun ancêtre.

N'est-ce pas à eux tout particulièrement que semble s'appliquer ce beau vers du poète :

Tout homme a deux pays : le sien, et puis la France !

Admirons, Messieurs, ce grand exemple de fidélité à la mère-patrie que donnent nos frères d'outre-mer, et levons nos verres à la prospérité des deux pays : au Canada, à la France !

On applaudit vigoureusement ces nobles sentiments. Si le Comité avait eu la parole, ce jour-là, son Président aurait remercié celui qui a droit à tous les remerciements, qui veut bien donner des éloges et qui en mérite tant pour son actif et inlassable dévouement, sa large générosité, son zèle constant.

Mais voici que M. Hector Fabre est debout. Le Commissaire Général du Canada à Paris est un Canadien de bonne race, nous le savons ; c'est un Méridional aussi et du meilleur crû, nul n'en peut douter. C'est par le « bouquet » de son toast élégant et spirituel que s'achèvera le feu d'artifice d'éloquence, qui a pétillé avec le vin de Champagne.

Voici les paroles prononcées par M. Fabre ; il y faudrait encore le ton qui en soulignait la malice et la mimique qui en rehaussait l'accentuation spirituelle.

TOAST DE L'HONORABLE HECTOR FABRE

Je suis heureux de répondre à votre appel, Monsieur le Président ; cependant, j'ai un léger reproche à vous faire : vous m'appelez à parler après des orateurs éloquents. Au début de ma carrière, un de mes maîtres me disait : « Ne prenez jamais la parole après un orateur éloquent ; attendez les autres, ils surviendront toujours, et alors n'hésitez plus. »

Je voudrais tout de même, M. le Maire, vous remercier, au nom des Canadiens, du concours que vous avez prêté à l'œuvre qui s'accomplit aujourd'hui, remercier aussi le Président du Comité, M. Tiercelin. Il a montré que les poètes, dans l'organisation d'une démonstration patriotique, valaient des prosateurs comme nous, et cette fête rivalise avec les plus nobles poèmes.

Ce serait de l'ingratitude de notre part d'oublier M. Botrel et sa brillante visite au Canada, qui a fait ressortir à la fois son talent et sa généreuse ardeur pour les gloires comme celles de Jacques Cartier.

Le rêve de tout Canadien, c'est de voir Saint-Malo. Les plus ambitieux voudraient y retrouver des ancêtres. Pour ma part, sans renier la ville de Montpellier, patrie des miens, en m'inclinant devant Toulouse, représentée ici par l'amiral Leygue, et en reconnaissant que dans le Midi, d'ailleurs, aucune ville ne peut lutter contre Toulouse, comme l'amiral le sait bien, et chacun avec lui, je regrette de ne pouvoir me dire d'origine malouine. Mais, qui sait ? Nous réclamerons peut-être un jour Jacques Cartier ! Nous autres, gens du Midi, on assure que volontiers nous tirons à nous les choses dont nous parlons, et donnons comme faites par nous celles qui ont traversé notre imagination sans s'y poser.

Je vois autour de cette table de nombreux représentants de la Marine, et je les salue de la part de nos amis des deux rives du Saint-Laurent, de Montréal et de Québec, qui ont vu si souvent passer le pavillon que porte si haut votre flotte. Ces nobles vaisseaux de guerre ne ressemblent guère aux petits navires de Jacques Cartier qui leur ont battu la voie ; mais le même sentiment patriotique vaillant et hardi anime leurs équipages et leur ferait faire de grandes choses.

Je salue aussi l'armée française, que tous ici nous admirons et dont la gloire remplit notre histoire.

Enfin, parmi les membres du Parlement, je vois un sénateur ; c'est par là qu'on finit, et c'est un noble couronnement de carrière. Les députés ont chez nous cette facilité de pouvoir s'exprimer en deux langues. Du choc de ces deux idiomes nait parfois une certaine lumière, d'autres disent une obscurité certaine, qui favorise le vote et crée tout à coup la quasi-unanimité en faveur du gouvernement.

Il y aura, en tous cas, parmi nous, unanimité à vous louer de l'honneur que vous faites à Jacques Cartier, auquel nous nous associons de tout cœur. Notre affection et notre reconnaissance n'en seront désormais que plus grandes, et c'est au nom de tous mes compatriotes que je bois à Saint-Malo et à la Bretagne.

Impossible d'exprimer l'effet de ces aimables paroles, d'une si piquante bonne grâce, interrompues à chaque instant par des bravos. Dans la cordialité que d'heureux voisinages ont fait naître, dans la sympathie qui s'est nouée entre nos concitoyens et nos hôtes, ce n'est pas une phrase banale de le dire, la glace était rompue, et déjà s'affirmait l'amitié qui allait s'épanouir si ardemment sous la parole du Ministre de la Province de Québec, à l'inauguration du monument.

On se lève et bien vite, car l'heure presse ; le « calumet de paix » circule des Canadiens aux Français et de jolis nuages montent de cette « herbe » dont parle Cartier, « laquelle, après avoir mis dedans notre bouche, semble y avoir mis de la pouldre de poyvre tant est chaulde... »

A trois heures, précédés par la *Musique du 47e*, les *Musiques municipales de Saint-Malo et de Saint-Servan*, et la *Musique des Chemins de fer de l'Ouest*, encadrés par les Pompiers de Saint-Malo et les *Vigilants de l'Ouest*, nous nous rendons en cortège, de Hôtel-de-Ville à la Hollande.

SUR LE BASTION DE LA HOLLANDE

Le cortège arrive et prend place sur l'estrade d'honneur. Un voile recouvre la statue, autour de laquelle une escouade de marins monte la garde ; les Pompiers prennent rang à côté d'eux. Une foule énorme couvre l'esplanade et au loin, les remparts. A toutes les fenêtres, aux lucarnes, sur les toits, des curieux se montrent.

Les étendards français et canadiens claquent sous une jolie brise. Le ciel est d'une limpidité parfaite. Nous sommes sans crainte ; il est de la fête. La mer est bleue et calme aussi. Des bateaux pavoisés la sillonnent ; les cuirassés, immobiles dans la rade, allongent leurs grandes masses grises, qu'égayent les drapeaux et les pavillons multicolores.

Un coup de canon retentit. La *Marseillaise* éclate, jouée par toutes les musiques, sous la direction de M. Fortuné July. Le voile qui recouvrait la statue tombe lentement et le Jacques Cartier de bronze, l'œuvre magnifique de Georges Barreau, apparaît. Des applaudissements éclatent.

Lorsque le silence s'est fait, M. René Brice, Président du Conseil Général d'Ille-et-Vilaine et Président d'honneur des fêtes, s'avance et prononce le discours suivant :

DISCOURS DE M. RENÉ BRICE

Mesdames, Messieurs,

En m'offrant la présidence de cette cérémonie, MM. les membres du Comité Jacques Cartier ont voulu associer plus étroitement à leur œuvre le Conseil Général d'Ille-et-Vilaine, nous leur en adressons tous nos remerciements.

Messieurs,

Il y a deux ans à peine, en donnant place sur un de ses quais à une statue de Surcouf, la ville de Saint-Malo honorait, dans la personne d'un de ses illustres enfants, l'intrépidité et l'audace de l'homme de guerre.

Aujourd'hui, c'est le navigateur habile et tenace qu'attire l'inconnu, le vaillant qui rêve de planter sur les terres ignorées, dont ses travaux et son génie lui ont révélé l'existence, le drapeau de sa patrie que nous venons célébrer avec elle.

Nouveau Christophe Colomb, moins d'un demi siècle après la découverte de l'Amérique méridionale, Jacques Cartier découvrait le Canada, en prenait possession au nom de François Ier et lui donnait le nom de Nouvelle-France.

Admirable colonisateur, ne parlant que de paix à des populations aimables et douces, bien accueilli partout, il ouvrait la voie à toute cette jeunesse française qui devait bientôt s'élancer dans ces contrées nouvelles et y fonder les premiers édifices des deux grandes villes qui s'appellent Montréal et Québec. Jusqu'au traité de 1763, le Canada nous a appartenu. Et la France, Messieurs, notre esprit, notre nom, notre race l'ont pénétré à ce point, qu'après des siècles, il y demeure, par centaines de mille, des hommes qui se glorifient de leur origine française, qui parlent notre langue, qui ont conservé la religion et les mœurs que nous leur avons transmises, qui nous demeurent unis par des liens d'une tendre affection.

Cependant à Saint-Malo, seuls, le nom d'une rue et dans un musée de la ville, les débris de la « Petite Hermine », de ce navire témoin des peines, des douleurs, des enthousiasmes et des joies de Jacques Cartier, rappelaient son existence, lorsqu'en 1898, un comité s'est formé pour lui rendre un tardif et nécessaire hommage. Ce comité avait à sa tête un de nos poètes les plus délicats et les plus aimés ; un rennais, l'auteur applaudi des « Stances à Corneille » et du « Rire de Molière », celui-là même qui dans « la Mort de Brizeux », a chanté si délicieusement la Bretagne...

... Avec ses fleurs, ses arbres.
Avec ses granits bleus polis comme des marbres,
Ses plaines, ses rochers, ses étangs, ses taillis,
. . . .
Son ciel est doux, son sol est fort, sa mer est belle,
Et puis c'est la Bretagne, et puis c'est mon pays.

En même temps il s'est trouvé un barde breton, qui, avec sa « Douce » si courageuse et si charmante, alla vers nos frères d'outre-mer évoquer près d'eux le souvenir de Cartier et qui, chantant ses chansons de Bretagne et « les Gas de Saint-Malo », toujours matelots et la « Basse Bretonne » avec ses coiffes mignonnes et ses devantiers à jour, et les « Sabots de Jésus » les petits sabots de frêne, et « la Patrie » puis, tendant son escarcelle, en a reçu les premières sommes destinées à perpétuer la mémoire de notre compatriote, du fils glorieux, Monsieur le Maire de Saint-Malo, de votre ville, de cette cité féconde qui enfanta plus de grands hommes que, dans son étroite enceinte, elle n'aurait de place pour leur élever à tous des monuments dignes d'elle.

Puis le comité de toutes parts a sollicité des souscriptions. La ville de Saint-Malo et le département d'Ille-et-Vilaine ont tenu à honneur de lui apporter leur concours et voici qu'enfin, grâce à son dévouement et à ses efforts, la statue de Jacques Cartier, du haut des remparts de la ville d'où il est parti pour ses premiers voyages, domine la mer.

Au nom du Conseil Général, je salue les réprésentants de cette fête de la marine et de l'armée, écoles toutes les deux d'abnégation, de patriotisme et de dévouement, gardiennes de notre territoire, de notre honneur et de nos lois.

Au nom du département d'Ille-et-Vilaine, je souhaite la bienvenue au jeune et distingué homme d'Etat et aux délégués Canadiens qui ont tenu à venir glorifier avec nous la mémoire de Jacques Cartier.

Notre histoire, Monsieur le Ministre, s'est trouvée en divers temps si profondément, si intimement liée à la vôtre qu'il nous serait impossible de ne pas avoir une même manière de sentir et d'aimer.

Fils de communs ancêtres, ni le temps, ni la distance n'ont pu nous faire oublier cette même origine. Vous êtes restés pour nous comme des Français que seul l'éloignement sépare de la mère-patrie et nous savons quelle place, avec votre amour pour le Canada et votre loyalisme pour l'Angleterre, vous nous réservez dans vos cœurs.

Lorsque vos poètes disent comme Louis Fréchette dans un de ses plus charmants sonnets :

> Chez nous, un sentiment qui ne saurait périr,
> C'est l'amour du vieux sol qu'à bénir on s'obstine.
> Du vieux sol poétique où chanta Lamartine,
> Sol maternel pour qui nous voudrions mourir.

Ou comme William Chapman dans les *Aspirations* :

> Et nous l'aimons toujours, parce que c'est la France,
> Parce que notre sang dans ses veines coulait,
> Et parce que son sein nous a versé son lait.
>
> . . . .
>
> La France ! c'est pour nous la mamelle féconde
> Où, dans sa soif sans fin, boit la lèvre du monde,
> L'œil qui dans les brouillards du temps voit tout venir,
>
> Le bras qui guide au port la nef de l'avenir,
> Le doigt qui fait tourner les feuillets du grand livre
> Où, cherchant l'idéal, l'Esprit humain s'enivre.

Nous sommes saisis d'une douce et violente émotion et notre Académie française, bien que des français seuls puissent concourir pour les prix Montyon, décerne un prix Montyon à Fréchette et à Chapman.

J'ai entendu Sir Wilfrid Laurier parler chez nous de votre pays et du nôtre avec cet abandon, cette éloquence simple et forte, ce tour heureux d'expression que nul ne pourrait oublier. Je l'entends encore nous racontant les charmes de votre terre hospitalière, votre terre faite de contrastes. « Le pays des rigoureux hivers et des étés pleins de soleil, le pays des grandes forêts et des plaines fertiles, le pays de l'ordre, de la liberté, des fiertés nationales et de la prospérité de toutes les races.

« Je me souviens qu'un jour, à Montréal, à la fin du mois de décembre 1870, à l'inauguration d'un cercle d'ouvriers, un des orateurs s'écriait au milieu des acclamations de la foule : « Et si quelqu'un veut savoir à quel point nous sommes français, je lui dirai : « Allez dans les villes, dans les campagnes ; adressez-vous au plus humble d'entre nous et racontez-lui les péripéties de cette lutte gigantesque qui fixe l'attention du monde ; annoncez-lui que la France a été vaincue ! puis mettez la main sur sa poitrine et dites-moi ce qui peut faire battre son cœur aussi fort, si ce n'est l'amour de la patrie ! »

Qu'ajouterais-je, messieurs ! Comment ne pas aimer ceux qui vous aiment ainsi !

En votre nom à tous, j'envoie par delà l'Atlantique, à nos frères du Canada, notre fraternel salut !

Ce discours, d'un tour si élégant, où brille toute la bonne grâce de l'aimable orateur et où son patriotisme vaillant et enthousiaste s'est heureusement exprimé, plusieurs fois interrompu par les bravos, s'achève dans une acclamation unanime.

Le Président du Comité prend la parole en ces termes :

DISCOURS DE M. LOUIS TIERCELIN

Monsieur l'Amiral, Monsieur le Ministre,
Monsieur le Maire, Messieurs,

A Barcelone, se dresse le monument de Christophe Colomb ; à Gênes, est érigée sa statue ; ses deux patries, celle de sa naissance et celle de sa gloire, ont voulu honorer le grand navigateur, à qui le Vieux Monde doit d'avoir connu toute une autre moitié du globe terrestre.

Nous n'avons pas ici l'azur de cette Méditerranée, où scintillent les deux grandes villes maritimes, et nous n'avons pas eu Colomb, mais, sur la côte d'Emeraude, à Saint-Malo, nous avons eu Jacques Cartier.

Et si c'est une date mondiale, ce 10 octobre 1492, quand un fils de notre Europe posait le pied sur une des îles de l'hémisphère atlantique, et une date espagnole, le 15 mars 1493, lorsque la *Niña* rentrait au port de Palos, apportant la certitude d'un Nouveau Monde, c'est une date malouine, le 5 septembre 1534.

Hors des murs de cette ville, vos ancêtres, Messieurs, couraient au-devant de celui qui avait vu les côtes du Labrador et les rivages du Saint-Laurent. Mais la rentrée triomphale et la belle allégresse, ce fut au retour de la deuxième expédition : *La Grande Hermine* abordait et l'on connut l'existence d'une terre dont Cartier avait pris possession. Le 16 juillet 1536 est une date française.

Le Conquérant entra dans la Cathédrale et s'agenouilla sur cette dalle dont il avait baisé la poussière à son départ.

Comme le Conquistador, il avait son escorte de Sauvages et les bourgeois de Saint-Malo qui lui faisaient honneur valaient bien les nobles de Barcelone.

François Ier pourtant ne le manda pas près de lui, comme avaient fait, pour Colomb, le roi Ferdinand et la reine Isabelle, qui se levèrent à son arrivée. On ne lui donna pas, comme à Colomb, un de ces blasons, surchargés à la mode d'Espagne, où il y avait tant de choses : un château, un lion, une couronne, des ancres, la mer Océane, la terre des Indes, des clés, que sais-je encore ? Il n'obtint pas même ces armes symboliques si bien gagnées : une nef d'or sur une mer de sinople.

Le Découvreur du Canada ne fut ni amiral, ni vice-roi, ni gouverneur des terres découvertes. On le titrait seulement capitaine-général et maître-pilote du roi. Du moins, se créa-t-il lui-même sa seigneurie de Limoilou en Paramé, et peut-être prit-il de vagues armes parlantes.

Et sans doute ses compatriotes le trouvaient assez noble ainsi, puisqu'ils recherchaient si souvent pour leurs nouveau-nés l'honneur de son parrainage et, dans leurs procès, l'impartialité de son témoignage juré.

Mais, si la reconnaissance royale ne vint pas l'arracher à sa retraite, il eut cette bonne fortune d'échapper à la persécution, qui fit trop notoires et si tristes les dernières années du Découvreur de l'Amérique. Après que Jacques Cartier eut renoncé à ses voyages, on ne trouve plus son nom que dans quelques actes de la vie civile.

On connaît la date de sa mort, mais le lieu précis de cette mort est ignoré, comme le lieu de sa naissance.

Pourtant, quelles que soient les revendications concurrentes, et même en les acceptant, Jacques Cartier demeure un fils de ce pays. Saint-Malo est sa vraie patrie, d'abord parce qu'elle est la ville la plus probable de sa naissance et de sa mort, et aussi parce que c'est de notre rocher qu'il partit vers sa grande aventure et que c'est dans notre port qu'il revint pour une impérissable gloire.

Saint-Malo est sa patrie définitive, parce que nous y élevons sa statue.

D'ailleurs, c'est le long de ces grèves, de Cancale au joli fleuve de Rance, qu'il promena ses premières rêveries, avant-courrières des belles entreprises. Ici que, tout jeune, il s'embarqua pour Terre-Neuve, pour le Brésil peut-être, en cet apprentissage de la vie de marin, tel que vous le faites encore et qui semble votre « Jeu pour la Patrie. »

C'est ici qu'il apprit à aimer la mer, la mer qui est votre point de départ naturel vers les expéditions merveilleuses et sur laquelle d'autres Malouins ont su, comme lui, tracer un sillage ineffaçable.

Je le vois debout sur ce rocher, accoudé sur ce rempart, rêvant.

Quels rêves, Messieurs, que ceux d'un tel homme, dans ces premières années du seizième siècle, et de quels frissons devait être secouée sa jeunesse.

La conquête de l'Italie avait ouvert un idéal d'élégance et de grâce ; l'imprimerie avait libéré la pensée ; Colomb avait agrandi la terre ; Copernic ouvrait le ciel. On entendait de tous côtés craquer les limites trop étroites et tomber les bornes fatales. Un grand espoir brillait sur le monde et c'était bien la Renaissance !

Cartier savait les noms des Colomb, des Cabot, des Vespuce, des Cortez, des Magellan, des Verazzano, ces découvreurs de terres, et le jeune Malouin songeait à des pays inconnus qu'un jour, il irait conquérir pour la France !

Ce jour vint et les syllabes françaises tombèrent sur ces bords sauvages pour y germer plus tard et fleurir en ce parler franco-canadien, qui a maintenant ses fiers écrivains, ses nobles orateurs et ses bons poètes.

Et si, par une désolante ingratitude envers l'œuvre de Jacques Cartier, comme envers la fidélité canadienne, un de nos rois crut pouvoir abandonner l'héritage de François Premier, les Français de Là Bas se sont entêtés dans l'amour de leur première patrie, malgré Choiseul et malgré tout. A côté de ces forces et de ces fiertés qui leur sont propres, sous ce *Dominion* qu'ils entourent d'un respect loyaliste, ils ont voulu sauver, dans la tendresse de leur cœur, toutes les reliques françaises de leur passé. Aussi Jacques Cartier est-il une de leurs gloires les plus chères et les plus fêtées.

En 1835, le 14 septembre, trois siècles jour pour jour, depuis le débarquement, ils élevaient à Québec le premier monument de leur fidélité à cette grande mémoire.

En 1843, ils arrachaient au lit de vase où ils étaient enfouis, les débris de *la Petite Hermine* et les partageaient fraternellement avec Saint-Malo.

Le 23 septembre 1885, ils solennisaient le septième cinquantenaire de l'arrivée de Cartier.

En 1889, au confluent des rivières Saint-Charles et Lairet, à la place même où le Découvreur séjourna pendant l'hiver de 1535-1536, ils ont élevé un cippe, illustré d'inscriptions commémoratives et dressé une croix monumentale.

En 1901, à Québec, encore, à Québec, ce cœur du Canada français, dont je sentais les pulsations dans la belle lettre du Maire de cette ville, que je lisais hier à notre Comité, à Québec, ils donnaient à une nouvelle paroisse ce joli nom : Notre-Dame de Jacques Cartier.

Cependant Saint-Malo, dès 1839, imposait à une place et à une rue le nom de son enfant illustre. Son portrait prenait rang dans la salle de nos grands hommes.

Il fallait davantage à Jacques Cartier et à sa patrie. Nous lui devions une statue. Nous voulions que son pays natal s'honorât par une juste commémoration et s'y associât tout entier.

Et nous voulions les Canadiens-français présents à cette fête, témoins et participants de cet hommage et de ce souvenir, puisque notre part d'une dette commune, vieille bientôt de quatre siècles, nous la payons aujourd'hui.

Ce nous est une grande joie !

Un statuaire éminent a pris, dans nos archives et dans nos cœurs, tout ce qui survivait du grand navigateur, pour donner à sa figure la beauté de l'œuvre d'art dans la pérennité du bronze. Par lui, l'homme de rêve et l'homme d'action, les yeux pleins de sa pensée anxieuse, le bras tendu dans son effort suprême, Jacques Cartier est debout, magnifiquement, au bord de cette mer qu'il fit sienne, en lui arrachant ses secrets ; désormais plus vivant, sur ces remparts, où il doit demeurer comme un parfait exemplaire des marins d'autrefois, l'orgueil et le modèle de ses compatriotes, aujourd'hui.

Aussi, après avoir loué l'artiste qui a su réaliser notre espérance, et la dépasser, je dois, au nom du Comité, dont j'ai le grand honneur d'être le président, exprimer toute notre reconnaissance à ceux dont le concours nous a permis d'élever cette statue.

Aux Canadiens d'abord, dont les apports généreux ont enrichi notre souscription ; dont la contribution royale nous a permis de croire en notre œuvre, au moment où nous doutions du succès peut-être. Aux remerciements sincères que nous leur adressons, il n'est que juste d'associer celui qui fut, entre eux et nous, le plus chaleureux interprète et le plus désintéressé des intermédiaires, Théodore Botrel, que nous leur envoyions comme un messager de patriotisme et de poésie et qui nous revint, les mains pleines de leurs dons magnifiques, le front couronné de leurs feuilles d'érable.

Il faut remercier aussi nos souscripteurs français, ceux de Saint-Malo et ceux d'ailleurs : le Conseil général d'Ille-et-Vilaine, plusieurs Conseils municipaux de l'arrondissement, le Ministère des Beaux-Arts ; par dessus tous et plus spécialement, le Conseil municipal de

Saint-Malo, sans lequel nous ne pouvions rien et par qui nous avons pu faire notre œuvre ; la Société Historique et Archéologique de Saint-Malo qui, demain, à Paramé, dira le dernier mot de ces fêtes par la pose d'une plaque commémorative sur le manoir des Portes-Cartier et par le discours de son éminent Président ; tous nos compatriotes et nos amis du dehors qui, si généreusement, nous ont aidés dans notre entreprise.

A M. le Maire de Saint-Malo nous devons plus que nous ne pouvons le dire. Son nom est inscrit sur le socle de la statue et c'est un hommage de reconnaissance au concours incessant et à l'appui vainqueur qu'il nous a prodigués.

Nous devons remercier encore tous ceux dont la présence contribue à l'éclat de ces fêtes auxquelles le Gouvernement, et nous en sommes profondément reconnaissants, a voulu s'associer par l'envoi dans les eaux de Saint-Malo d'une division de notre escadre du Nord. Nous sommes heureux et fiers de voir, nombreux ici, des représentants de cette armée et de cette marine qui portent notre pavillon si loin et si haut. Nous remercions M. le Président du Conseil général qui a bien voulu accepter la présidence de ces fêtes et qui, comme me l'écrivait un académicien illustre (1), était bien choisi pour saluer « l'image de Cartier avec toute la chaleur de son cœur et l'élévation de son esprit », un esprit et un cœur que, plus que tous autres, ses compatriotes d'Ille-et-Vilaine ont pu apprécier et qu'ils savent aimer.

Merci à nos présidents d'honneur, M. le Sénateur Garreau et MM. les Députés de Saint-Malo, si dévoués toujours et qui, pour nous, le furent plus que jamais.

Merci à ces Canadiens éminents qui ont accepté de venir à cette fête, à M. le Ministre des terres, mines et pêcheries de la province de Québec, qui va vous faire entendre la voix chère du Canada, rythmée à l'envol de son âme française ; à M. le Commissaire général du Canada à Paris, qui m'a permis de m'appuyer souvent sur son expérience et sa bonne grâce ; aux membres de cette grande famille Cartier, dont sir Georges, premier ministre du Canada, a su raviver l'illustration encore ; aux représentants des villes de cette Puissance qui nous aime et que nous aimons, à tous ceux qui nous appelaient des cousins et que nous voulons nommer des frères.

Merci à nos orateurs, à nos poètes, à nos artistes, à cette foule, dont les flots viennent battre respectueusement le navire de bronze qui porte Cartier et sa gloire.

Grâce à tous ces concours, dans la sympathie de ces présences,

(1) Le vicomte E.-M. de Vogüé.

avec le regret de quelques absences dont l'une, celle de notre premier secrétaire, encore convalescent d'une longue maladie, nous est particulièrement pénible, nous avons la fierté d'avoir élevé, sur le bastion de la Hollande, une œuvre d'art, un témoignage de reconnaissance, un monument d'immortalité.

Au nom du Comité, j'ai l'honneur de remettre cette statue à la Ville de Saint-Malo ; je la confie à sa garde et je l'offre au culte de tous ceux qui seront fiers de saluer, en elle, un Découvreur audacieux, un Conquérant pacifique, un vrai Français, un bon Breton, un franc Malouin, Jacques Cartier.

C'est au tour de Brémont maintenant, qui a bien voulu accepter si gracieusement de nous prêter l'appui de son grand talent et de son impeccable diction. Il a dit comme il sait dire, avec une perfection que nul ne peut égaler, les belles strophes de W. Chapman, que les Canadiens appellent leur poète lauréat (1). Ce vibrant poème, écrit à ma demande, a vivement impressionné l'auditoire par sa radieuse envolée et sa cordialité si chaude. Bien des assistants ont cru entendre l'auteur lui-même. Pourquoi faut-il que l'auteur n'ait pu entendre les bravos qui ont salué son œuvre ? Qu'il sache du moins qu'il a été merveilleusement interprété et merveilleusement compris.

AUX BRETONS

Pell euz daoulagad, tost d'ar c'halon.
Loin des yeux, proche du cœur.
Proverbe breton.

J'aurais voulu franchir le farouche Atlantique,
Pour aller m'incliner sur le rocher celtique
Où naquit ce marin au courage indompté,
Qui, de son roi rêvant d'agrandir les domaines,
Déploya le premier sur les eaux canadiennes
Le drapeau de la France et de la Chrétienté.

(1) L'Académie française a décerné à W. Chapman le prix Archon-Despérouses pour son volume : *Les Aspirations.*

J'aurais voulu plier le genou sur la terre
Que tant de fois rougit de sang la race altière
Dont sont issus les preux qui peuplèrent nos bords ;
Et j'aurais voulu voir le couchant d'or qui sombre
Caresser d'un dernier rayon quelque mur sombre
Qui protège la cendre auguste de vos morts.

J'aurais aimé me perdre à travers vos bruyères...
J'aurais aimé me joindre à vous, ô nobles frères,
Pour fêter celui qui, sans répandre le sang,
La croix sur le cœur, sut vaincre la Barbarie,
Et qui, nouveau Colomb, devait à sa patrie
Léguer un monde aussi vaste qu'éblouissant.

De Paramé j'aurais aimé longer la grève...
Mais hélas ! je n'ai pu réaliser mon rêve ;
Et c'est avec un œil voilé de pleurs jaloux
Que j'ai vu s'éloigner sur le flot qui palpite
Le navire emportant cette troupe d'élite
Qui maintenant festoie et jubile avec vous.

Non, je n'ai pu cingler vers la côte bretonne ;
Mais, malgré l'Océan qui déferle et qui tonne,
Malgré l'épais brouillard la dérobant toujours,
Avec les yeux pensifs et constants du poète
J'aperçois Saint-Malo, dont un flot clair reflète
Les toits et les remparts, les môles et les tours.

Je contemple l'Arvor et ses hautes falaises,
Ses grands pins résineux, ses chênes, ses mélèzes,
Et ses croix dominant le gouffre tourmenté ;
J'observe son granit que dorent cent légendes,
Ses courtils, ses ajoncs, ses dolmens et ses landes,
Tout ce qui fait sa rude et sombre majesté.

Oui, loin de vous, bien loin, j'assiste à votre fête ;
Je vois les trois couleurs flotter sur chaque faîte ;
Je vous vois radieux, hommes, femmes, enfants,
En foule vous presser autour d'une statue
Dont le galbe hardi vous parle et vous remue ;
J'entends, tremblant d'émoi, vos longs cris triomphants.

J'entends parmi les cent rumeurs du flot qui râle
Quelque panégyriste au verbe fier et mâle
Exalter les travaux du modeste côtier

Qui devait égaler les plus grands capitaines,
Et, me faisant l'écho de ces voix si lointaines,
Au bord de l'Ottawa, je dis : Gloire à Cartier !

Gloire à Cartier ! — Le jour où cet homme héroïque
Prenait pied sur le sol vierge de l'Amérique,
Le jour où, déployés au vent, ses pavillons
Du vieux Stadacona rasaient le promontoire,
Un nouvel astre d'or dans le ciel de l'Histoire
Sur le grand nom français allumait ses rayons !

Gloire à Cartier ! — Parti du fond de l'Armorique,
Il a frayé la route à ce groupe homérique
Qui, de nos bois perçant la sombre immensité,
Sondant tous les recoins du nouvel hémisphère,
Eclaireur du progrès en marche, a su tant faire
Pour la Gaule chrétienne et pour l'humanité.

Grâce à lui, des rameaux du grand chêne de France
Ont été transplantés au bord d'un fleuve immense,
Et ces rameaux ont fait, malgré l'adversité,
Des arbres débordant de jeunesse et de sève,
Berçant des frondaisons sereines d'où s'élève
La chanson du travail et de la liberté.

Grâce à lui, sous ce vaste ombrage, notre race
Compte ses Phidias, ses Pline, ses Horace...
Nous avons eu naguère un Chénier, un Danton...
Grâce à lui, nous aimons chanter la *Marseillaise*.
Notre fleuve est français... ma mère était française.
Et je suis comme vous catholique et breton.

Gloire à Cartier ! — Jamais fils de la vieille Gaule
Pour son pays n'aura rempli plus noble rôle,
Ni laissé sous nos cieux un nom plus vénéré ;
Et l'oubli qui pesait sur sa tombe inconnue,
Où nul fervent n'ira courber sa tête nue,
Vous l'avez, fiers Bretons, fièrement réparé.

En érigeant ce bronze au cœur de la Bretagne,
Où ma pensée émue à cette heure accompagne
Ceux qui vont célébrant les exploits si hardis
Du marin qui donna tout un monde à la France,
Sans jamais susciter ni guerre ni vengeance,
O Bretons toujours grands, vous vous êtes grandis.

Vous vous êtes grandis, enfants de l'Armorique,
Plutôt que vous n'avez grandi l'homme stoïque
Qui par tant de constance et de féconds travaux
A buriné son nom dans l'airain de l'Histoire.
Aussi, que peut le bronze où rayonne la gloire?
Le socle n'a jamais exhaussé le héros.

L'éternité se rit du marbre de l'Attique...
De tout l'altier granit de la côte kymrique
On ne saurait tirer un plus haut piédestal
Que celui qu'un tel preux s'est élevé lui-même
En plantant pour le Christ et pour le roi qu'il aime
Une humble croix de bois au front du mont Royal.

N'importe! vous avez voulu donner l'exemple...
Dressant cette statue à la porte d'un temple,
Faisant revivre ainsi l'intrépide Cartier
Dans une œuvre parlante, idéale, parfaite,
Vous avez voulu dire à la foule distraite :
Le grand homme, passants, ne meurt pas tout entier.

Et vous avez voulu rappeler à l'enfance
Que tout ce que l'on fait pour le Christ et la France
Subsiste, au moins, autant que la pierre et l'airain ;
Vous avez su prouver que sur vos bords si rudes
Les cœurs restent toujours clos aux ingratitudes,
Le souvenir demeure un flambeau souverain.

Par un appel vibrant, doux comme une caresse,
Tiercelin et Botrel qu'eût honorés la Grèce,
Et dont les noms toujours rayonneront ici,
Nous ont fait apporter notre modeste obole
A l'œuvre dont l'éclat si pur les auréole...
Et mon pays leur dit : Merci! merci! merci!

La poésie et l'art, ô fécond mariage!
Ont conçu ce tardif mais éclatant hommage,
Et, tout fier comme vous de votre fier succès,
Répétant un grand cri qui vibre au Nouveau-Monde,
Je vous jette à travers la grande mer qui gronde
Le bravo délirant du Canada français.

W. CHAPMAN.

Les bravos, qui plusieurs fois ont interrompu ce poème, éclatent de nouveau, frénétiques, sur le dernier vers, en même temps que la musique municipale de Saint-Malo attaque les *Airs canadiens*, habilement mêlés à des *Airs bretons*, de M. André Colomb.

On pouvait croire que la fête avait atteint son point culminant avec cet hymne de poésie. Le souffle puissant d'un incomparable orateur allait faire rebondir l'émotion plus haut encore. Celui qui devait être le grand vainqueur de ces inoubliables journées s'avançait à la conquête de la foule. Et ce n'est pas trop dire ! M. Adélard Turgeon, par la force et par la grâce de sa parole, allait affirmer la noblesse de sa race et sa puissance ; il allait renouer, entre le Canada français et la France, des liens que nous voudrions voir serrer de plus en plus. Il a uni indissolublement nos souvenirs et nos espérances. Il a parlé en homme d'Etat, qui rend à César ce qui appartient à César ; qui sait la grandeur de l'Angleterre et qui l'aime pour la liberté qu'elle donne à son pays ; en homme de tradition aussi, que le doux nom de la France maternelle émeut toujours vivement ; en lettré, à qui rien n'est inconnu du mouvement intellectuel ; en penseur, qui suit la marche des nations à travers l'histoire et rend hommage au rayonnement qui de notre patrie émane sur le monde ; en philosophe, savant des choses de la vie. Il a su nous apprendre à mieux connaître son pays et à l'aimer davantage. Il ne faut pas oublier ces paroles de sagesse et d'amour. Il faut remercier grandement celui qui les a prononcées.

M. Adélard Turgeon, pour reprendre une phrase de mon discours, nous a rapporté par brassées la moisson d'éloquence, mûrie au Canada, dont notre Jacques Cartier fut le semeur. En l'écoutant, nous étions fiers de cette langue française, qui s'est gardée intacte aux bords du Saint-Laurent ; que le maniérisme, ni l'argot, ni l'anglicisme n'ont pu corrompre et qui se prête si merveilleusement à exprimer des pensées fortes et des émotions douces.

Ce fut un succès ; ce fut un triomphe !

Voici en quels termes s'exprima le Ministre des Terres, Mines et Pêcheries de la Province de Québec :

DISCOURS DE L'HONORABLE A. TURGEON

J'ai le grand regret de ne pouvoir reproduire à cette place les paroles prononcées par M. A. Turgeon. J'avais espéré, nous avions espéré tous, que sa chaude improvisation aurait pu être reconstituée, mais lui seul pouvait le faire et nous l'avait presque promis. En quittant la France, il renouvelait sa promesse à M. Hector Fabre, et j'attendais... Aujourd'hui, 23 septembre, je reçois la lettre suivante qui ne me permet plus d'attendre ni d'espérer :

DÉPARTEMENT DES TERRES & FORÊTS

CABINET DU MINISTRE

Québec, 11 Septembre 1905.

Cher Monsieur Tiercelin,

M. Fabre m'a grondé de ne pas avoir reconstitué mon discours de Saint-Malo. J'en suis fâché, mais je n'ai pas tout à fait tort. En France, toutes mes minutes ont été prises et, depuis mon arrivée à Québec, il en a été de même. J'y renonce donc définitivement.

Je profite de la circonstance, etc..., et je vous dis au revoir à Québec en 1908.

ADÉLARD TURGEON.

A défaut des paroles mêmes prononcées par le Ministre, nous essaierons d'en fixer un écho. Il suffira, pour attester la grande impression ressentie par la foule et prouver que nous ne l'avons pas exagérée, de reproduire ici quelques extraits des journaux qui demeureront les témoins de l'enthousiasme de ce moment d'indescriptible émotion.

Du *Salut* :

Nous voici au point culminant de cette solennité inoubliable : M. Turgeon, ministre du Canada, va parler. Pourquoi ne pas l'avouer ? Parmi ceux qui ne connaissent pas le Canada français, ou qui oublient qu'à travers les vicissitudes des temps, il est demeuré vraiment la Nouvelle-France, l'apparition de l'éminent ministre du Canada à la tribune excite un certain scepticisme. Aussi, quelle surprise, quel enchantement, quels transports, lorsque cette foule, dès les premiers mots de l'orateur, prononcés d'une voix puissante, dans une langue forte et originale, reçoit cette impression qu'elle a devant elle un grand Français et un grand orateur. Souffle, élévation, variété d'images, mouvement, geste, fascination, M. Turgeon possède au plus haut degré ces caractères de l'éloquence. De quel accent il nous dit : « Chers cousins, chers compatriotes ! » Quel beau langage il sait avoir pour exalter et bénir l'ancêtre commun, Jacques Cartier ; quels mots et quels mouvements il a pour proclamer son amour au « beau et libre pays » que le malouin Cartier conquit à l'immortalité. M. Turgeon ne laisse dans l'oubli aucun des aspects de Jacques Cartier, et il montre que rien ne lui est inconnu de notre littérature, lorsqu'il rappelle que le fantastique voyage de Pantagruel n'est qu'un pastiche de ceux de Jacques Cartier.

Avec quelle sorte d'orgueilleuse joie l'orateur rappelle que Jacques Cartier ne fut pas seulement le découvreur du Canada, mais qu'il fut aussi son missionnaire. C'est la religion qui conquit ce pays à la civilisation ; c'est à l'ombre de la religion qu'il s'est développé et qu'il continue de vivre pour sa plus sûre gloire et sa plus certaine prospérité.

Cartier fut un précurseur : Lafayette et Franklin ne firent que transporter son geste sur les terres américaines ; aussi n'est-ce pas la statue de la Liberté que les Américains devraient avoir érigée dans le port de New-York, mais la statue de la France.

De même que je sens mon impuissance à traduire les accents de ce discours, je me sens incapable d'exprimer l'émotion et l'enthousiasme qu'il suscite.

Que fut-ce, je vous le laisse à deviner, lorsque, ne craignant pas d'aborder en cette circonstance la grave question de la politique coloniale, il montra le Canada maître de lui, reconnaissant à l'Angleterre de lui imprimer, sous les apparences d'une domination que celle-ci a le tact de faire à peine sentir, son merveilleux génie commercial, mais gardant son cœur à la France, qu'elle considère toujours comme la mère-patrie.

M. Turgeon rappelle la douloureuse séparation de 1763, où le cher drapeau français, après avoir flotté deux cents ans sur le Canada,

Ferma son aile blanche et repassa les mers.

Tout cela est dit d'une voix enflammée et berceuse tour à tour, où éclatent les accents de la fierté et de la douleur. Aussi, quelle émotion dans la foule ! On applaudit, on applaudit encore, frénétiquement, et, de ci de là, des mains se portent aux yeux pour essuyer des larmes.

Et l'orateur continue son discours, qui franchit les bornes de cette solennité pour prendre les proportions d'une véritable profession de foi canadienne. Aussi, plutôt que de nous efforcer de le reconstituer sans y parvenir, préférons-nous renvoyer nos lecteurs à la publication qui en sera faite ultérieurement, espérons-le. Et ce sera un autre monument élevé, à l'ombre de Jacques Cartier, par le Canada à la France.

Lorsque l'orateur a prononcé les derniers mots de sa harangue, lorsqu'il a exprimé l'ambition du Canada de participer au rôle de la France dans sa « maîtrise des idées et des belles formes » et de réaliser le rêve de prendre à côté d'elle « sa place au soleil et à la vie », les applaudissements ont de nouveau éclaté, frénétiques, interminables. La foule a fait à l'orateur une ovation indescriptible. Tous les Canadiens présents sont ravis, leurs visages rayonnent ; il semble que ce soit, comme le dira le lendemain Louis Tiercelin dans un poème dont il illustra une fois de plus ces fêtes glorieuses, la « communion de deux âmes fraternelles ».

Du *Paris-Canada* :

Sa haute taille, son air à la fois digne, simple et cordial, lui ont de suite permis de dominer l'assemblée et de s'emparer de toute son attention, comme il fait à Québec ou à Bellechasse. L'effet a été aussi grand et aussi complet qu'on peut l'imaginer ; l'enthousiasme était à son comble.

De *La Vérité Française* :

En l'écoutant, on se sentait véritablement en France, dans la vraie, la bonne et belle France que ne connaissent point nos orateurs gouvernementaux. L'assistance, transportée, l'a couvert d'acclamations qu'on entendait du large, sur les bateaux. La voix puissante de l'orateur atteignait jusqu'aux fenêtres garnies de monde qu'on voyait au delà des remparts ornées de banderolles flottant au vent. Le spectacle était grandiose. Et quand l'orateur a rappelé par quels moyens le Canada a conquis sa liberté, on songeait aux grands orateurs grecs qui, par leurs discours en plein air, prononcés comme celui-là devant des gens debout, assis, grimpés sur des pierres ou des tas de terre, stimulaient le courage des foules. Et les chapeaux s'agitaient ! Et les mots de Bretons, Bretagne, France, Canada, s'entrecroisant, surexcitaient délicieusement cette foule de bons Français !

Du *Temps* :

Dans un discours vibrant, M. Adélard Turgeon a dit son amour et son admiration pour la France ; il a dépeint avec chaleur l'affection que portent à leur ancienne patrie les Canadiens d'origine française. Si le Canada a reçu de l'Angleterre une organisation et une protection libérales, qui permettent aux descendants des anciens colons français de vivre libres et tranquilles sous l'égide de la Grande-Bretagne, les Canadiens français n'oublient pas la première patrie ; ils partagent ses joies et ses douleurs ; ils parlent de préférence sa belle langue, et tout ce qui vient d'elle est accueilli avec amour. Aussi est-ce avec une véritable joie que l'orateur assiste à l'inauguration de la statue du grand explorateur qui le premier planta le drapeau de la civilisation européenne sur la terre canadienne.

De *L'Eclair* :

Mais le plus beau discours de cette journée, qui a été une sorte de tournoi oratoire, a été celui de M. Adélard Turgeon, ministre du Canada. Cartier, selon son heureuse expression, fait partie du patrimoine de son beau et libre pays. Il a loué, en Jacques Cartier, à la grande surprise de beaucoup de Français qui l'ont oublié, l'écrivain du seizième siècle dont les récits de voyage ont servi à Rabelais à écrire son mirifique voyage de Pantagruel. Il nous a appris sur la France des choses qu'on ne nous enseigne plus. C'est ainsi que M. Turgeon sait que les Français ont implanté leur influence au Canada si profondément, que c'est une vraie France qui y survit, une France ambitieuse et qui prétend à une véritable prépondérance intellectuelle à travers les Etats-Unis. Il sait aussi que, dans toute l'étendue de l'Amérique du Nord, ce fut la France bien plus que l'Angleterre, et avant même son intervention dans la guerre de l'indépendance, qui sema à travers les Etats-Unis, les germes de civilisation qui ont couvé et qui s'y sont développés si magnifiquement, en sorte que, conclut-il, si les Etats-Unis avaient été vraiment justes, ce n'est pas la statue de la Liberté qu'ils auraient dressée à l'entrée de leur capitale, c'est la statue de la France.

De telles paroles si flatteuses pour notre orgueil national, sur l'esplanade de ce bastion, en face de la mer, soulignées par les bravos et les applaudissements de cinq ou six mille personnes transportées d'enthousiasme, sous un ciel où des nuages blancs dessinaient un paysage féerique, sont inoubliables. De telles fêtes constituent un spectacle émouvant, un spectacle réconfortant, un spectacle qu'on est heureux de voir par le temps qui court. On ne sent jamais mieux combien on aime la France que lorsque les hommes du dehors nous en viennent parler, et M. Turgeon nous est si peu étranger, d'ailleurs, qu'il a proclamé les Canadiens, nos cousins, attentifs à nos succès comme à nos malheurs. Il a transporté tout son auditoire quand il a dit le deuil des Canadiens à l'heure où l'ange de la douleur visita la France, à l'heure où deux filles de sa pensée lui furent arrachées brutalement.

Du *Journal de Rennes* :

La grandeur, la noblesse, l'élévation des sentiments exprimés par lui soulevèrent l'enthousiasme de l'assistance qui ne cessa d'applaudir et d'acclamer l'orateur.

Il fit vibrer tous les cœurs, émut toutes les âmes, lorsqu'il parla de l'amour des Canadiens pour la France, de leur douleur lorsqu'ils virent

Notre drapeau, trempé de pleurs amers,
Fermer son aile blanche et repasser les mers.

Il réveilla bien des énergies lorsqu'il parla des luttes soutenues pour acquérir la liberté aujourd'hui conquise.

Mais avec quelle fermeté il a dit le loyalisme du Canada pour l'Angleterre, avec quelle ampleur de vues il a tenu à montrer l'avenir du Canada, plus grand que l'Europe entière, qui, chaque année, dans toutes les branches de l'activité humaine, fait des progrès de géant, de géant libre, amoureux et fier de sa liberté.

Il fut admirable surtout lorsqu'il montra l'esprit français gravant profondément la trace de son passage, son empreinte ineffaçable sur toute l'Amérique, y laissant la semence féconde de la religion et de la civilisation.

« Ce n'est point la statue de la Liberté, dit-il, qui devrait se trouver à l'entrée du port de New-York, c'est la statue de la France. »

L'immense auditoire, transporté, acclama longuement le ministre canadien et le Canada.

Du *Nouvelliste de Bretagne* :

Nous nous reconnaissons impuissants à résumer cette merveilleuse envolée d'éloquence.

Il est de ces chefs-d'œuvres qu'il faut entendre, qu'il faut lire, et qui ne se réduisent point, tel fut le discours du ministre canadien. Il a soulevé par sa grandeur, par la noblesse, par l'élévation des sentiments exprimés, l'enthousiasme de toute l'assistance qui n'a cessé d'applaudir et d'acclamer l'orateur.

Du *Républicain* de Saint-Malo :

Son discours est la partie capitale de toutes les fêtes. La parole chaude et vibrante de l'éminent homme d'Etat fait vibrer tous les cœurs. Il parle notre langue avec la pureté des grands auteurs du dix-huitième siècle et son éloquence sobre, nette, mais où la phrase s'élance en de superbes envolées en fait un des plus grands orateurs de langue française qu'il nous ait encore été donné d'entendre.

M. Turgeon rappelle qu'au Canada le culte de la France est toujours vivace et que l'amour de la mère-patrie passe avant tout autre sentiment.

Les Canadiens n'ont pas oublié que ce fut grâce à Jacques Cartier qu'ils sont Français et la répercussion des fêtes données aujourd'hui à Saint-Malo est grande au Canada. M. Turgeon nous dit les aspirations de son beau pays.

Le Canada, d'une superficie plus vaste que l'Europe, aspire à devenir une nation indépendante, autonome, française de cœur, canadienne d'administration. Il est devenu Anglais par la faute d'un roi de France mais les Canadiens, supportant difficilement le joug britannique, reconnaissent cependant que l'Angleterre les aida dans leur essor et contribua pour une part importante à la prospérité du pays.

Le Canada aimant la France avec un pieux respect, gardant un souvenir reconnaissant à l'Angleterre, entend n'être soumis à aucun pays, mais est ouvert à toute l'expansion commerciale des nations d'Europe, dont les fils et particulièrement les Français ont peuplé ses vastes territoires.

Aussi, est-ce en raison de son origine française, de sa population, que, lorsque vinrent les heures de 1870, nos malheurs eurent un douloureux retentissement sur le sol canadien, où l'on pleura avec nous la mort de nos enfants, la perte de l'Alsace et de la Lorraine.

Mais il est impossible, dans une brève analyse, de résumer une harangue comme celle qu'un auditoire enthousiaste applaudit avec cette « furia francese » qui est le fond même de notre caractère national.

Les paroles de l'orateur canadien laisseront parmi nous un souvenir ineffaçable et resserreront les liens moraux qui nous unissent à nos « cousins » d'Outre-Océan.

De *La Côte d'Emeraude* :

Alors, M. Turgeon, ministre du Canada, prend la parole, et sans une note écrite, sans une hésitation, dans un style merveilleux, prononce un superbe discours qui est un admirable morceau d'éloquence. Il dit l'œuvre féconde de Cartier, au Canada ; il dit la splendide prospérité de « l'autre France » qui garde du généreux malouin un si pieux et tenace souvenir. Là-bas, tout parle de Cartier : les rues, les universités, la nature elle-même. En effet, dans les méandres de la côte, elle a su dessiner comme un merveilleux et gigantesque camée qui figure la ressemblance de Cartier, telle que l'a conservée la tradition (1). Pour la France, le Canada vibre toujours d'une intime affection. Mais, il ne peut oublier que c'est l'Angleterre qui en protégeant sa liberté en a fait une grande nation. Et cette grande nation semble devoir être, dans les destinées futures, par rapport à l'Amérique, ce que fut la France des grands siècles, au milieu des nations européennes.

L'éminent orateur arrache des larmes à l'assistance, et M. Jouanjan a vraiment un beau geste quand, au milieu des frénétiques acclamations et des cris répétés de Vive le Canada ! il se lève et serrant les mains de l'éminent Ministre, lui décerne le titre de citoyen de Saint-Malo.

Du *Progrès Malouin* :

La parole est donnée à M. Adélard Turgeon, Ministre des Terres, Mines et Pêcheries de la Province de Québec, parent de M. Turgeon, professeur à l'Université de Rennes.

L'orateur commence par déclarer qu'il est heureux de prendre la parole au nom du Canada, car le Canada est de moitié dans la gloire de Jacques Cartier; si Cartier est Français, c'est au Canada qu'il a trouvé la gloire et l'immortalité. En France, on a été oublieux du capitaine malouin pendant quatre cents ans, mais au Canada, le souvenir de Cartier est toujours resté vivace, tout respire Cartier, tout respire la France.

Le Canada, aujourd'hui grande nation, sera demain grand peuple; la reconnaissance officielle de la langue française est restée aussi forte qu'aux premiers jours.

Aussi, quand l'ange de la douleur est venu s'asseoir au foyer français, nous dit M. Turgeon, quand les défaites françaises étaient

(1) Voir dans *Une Nuit de Noël sous Jacques Cartier*, d'E. Myrand, les deux profils comparés de la rivière Lairet et de Jacques Cartier. Les deux dessins permettent d'apprécier la curieuse ressemblance signalée. L. T.

annoncées au Canada, si l'on avait mis la main sur le cœur d'un Canadien, on aurait senti battre ce cœur de désespoir et de colère.

Ce discours, prononcé dans un langage élevé et qu'on sentait convaincu, a soulevé un enthousiasme tel qu'à plusieurs reprises M. Turgeon a été obligé de venir saluer la nombreuse assemblée. C'était du délire.

On lit dans le *Canada Français* du 18 août, sous la signature de M. Léo Leymarie :

Puis la parole fut donnée à l'Honorable M. Turgeon.

Je ne puis dire ici l'admiration que je sentis naître pour l'orateur sincère, le Canadien sans peur, le ministre dévoué qu'est l'Hon. M. Turgeon ; nos souvenirs communs du Canada me font être pour lui un juge prévenu de respect et de sympathie profonde, mais je puis trouver dans le *Républicain*, de Saint-Malo, l'appréciation de son éloquence.

Suit l'extrait du compte rendu du *Républicain* que nous avons donné plus haut. Après l'avoir reproduit, M. Léo Leymarie conclut ainsi :

Lorsque l'orateur a prononcé les derniers mots de sa harangue, lorsqu'il a exprimé l'ambition du Canada de participer au rôle de la France dans sa « maîtrise des idées et des belles formes » et de réaliser le rêve de prendre à côté d'elle « sa place au soleil et à la vie », les applaudissements ont de nouveau éclaté, frénétiques, interminables. La foule a fait à l'orateur une ovation indescriptible.

Mes regards ne quittaient l'Hon. M. Turgeon et de mes yeux plusieurs fois les larmes ont jailli ; à ses côtés, pendant toutes ces fêtes, il me semblait être plus Canadien que Français et fier d'un tel homme.

Du journal canadien, *L'Avenir du Nord* (10 août), je détache les lignes suivantes :

Puis vint le tour de l'Hon. M. Turgeon. Dire avec combien d'éloquence, avec quel style châtié, avec quelle envergure, M. le Ministre parla de Jacques Cartier, exposa les sentiments des Canadiens-Français envers la France, je ne puis l'entreprendre. M. Turgeon fit honneur aux Canadiens, orgueilleux d'entendre un des leurs les représenter avec tant d'éclat, orgueilleux aussi d'entendre les appréciations flatteuses de la foule à l'égard de l'orateur.

Nous ne pouvons reproduire ici tous les comptes rendus

de la presse française et canadienne; ils sont unanimes dans l'expression d'une vive sympathie et d'une chaude admiration.

C'est au milieu de l'enthousiasme de la foule que le Ministre regagne sa place. On l'acclame de tous côtés ; sur l'estrade, on le félicite.

Les applaudissements redoublent, quand Théodore Botrel se dresse dans son beau costume du Finistère et, de sa chaude voix, clame le magnifique poème qui a pour titre :

LE RETOUR DE CARTIER

Pourquoi ces drapeaux dans nos rues ?
Pourquoi ces fanfares ? ces cris ?
Pourquoi ces foules accourues
Sur nos remparts de granit gris ?
C'est qu'on annonce la nouvelle
Que, debout sur sa caravelle,
Tout seul entre le ciel et l'eau,
Terminant sa longue croisière,
Cartier s'en revient, vent arrière,
Et pour toujours, à Saint-Malo !

Le voici, le Maître-Pilote
Que l'on croyait enseveli
Avec ses marins et sa flotte
Au fond de l'Océan d'Oubli !
Après des siècles de silence
Voici qu'il rembarque et se lance
A l'assaut des Flots et des Vents !
Le vieux Découvreur de Royaumes,
Larguant le Pays des Fantômes,
Rallie au milieu des Vivants !

Debout sur sa *Petite-Hermine*,
Le Navigateur Malouin
A toujours sa vaillante mine,
Bien qu'il s'en revienne de loin !
Le front nu, bravant les tempêtes,
Vêtu de sombres peaux de bêtes,
La hache d'abordage au flanc,

Il écoute sous les étoiles
La brise rire dans ses Voiles
Et chanter dans son Drapeau blanc !

*
* *

Mais, tout à coup, voilà qu'il semble
Que dans l'air transparent et bleu,
Une voix s'élève qui tremble ;
C'est lui qui parle..... écoutons-le :
« Salut, ô ma Ville natale,
Toi dont la haute cathédrale
Semble le grand mât d'un vaisseau !
O Ville ! où j'appris par ma mère
Le roulis de la Vague amère
Au doux roulis de mon berceau !

« Salut, Salut, ô ma Bretagne,
Toi dont le spectre gracieux
Au cours de ma longue campagne
Fut toujours présent à mes yeux !
J'ai, sur les Mers hyperborées,
Vu neiges et glaces dorées
Par le doux Soleil de Minuit.....
Mais le souvenir de tes grèves
Qui, chaque nuit, hantait mes rêves
Seul pouvait calmer mon ennui !

« J'ai vu, derrière Terre-Neuve,
Gaspé, dans son Golfe géant ;
J'ai découvert un si grand Fleuve,
Qu'il semble avaler l'Océan ;
Mais jamais leurs caps formidables,
Jamais leurs golfes insondables,
Ni le Saint-Laurent, ni Gaspé,
Ne m'ont fait oublier la France,
Ni la vieille Aleth, ni la Rance,
Ni Cézembre, ni le Grand-Bé !

« Enfin, joie immense et profonde,
Moi, le marin sans feu ni lieu,
A mon pays j'apporte un Monde,
Des milliers d'âmes à mon Dieu...
Or, en retour, je ne réclame
Qu'une prière pour mon âme...

Et, pour mon corps, un coin désert
D'où je pourrai, la tête nue,
Aspirer la brise venue
Du Pays que j'ai découvert ! »

*
* *

Voici le coin désert que désirait ton Rêve ;
Il est sur le Rempart où, désertant la grève,
Tu venais contempler la Mer
Profilant sur l'azur ta silhouette svelte
Et fouillant l'infini de ton œil bleu de Celte,
Fait pour scruter l'horizon clair ;

Il est sur le Rempart désormais invincible,
Car si, par aventure, une troupe invisible
D'assaillants lâches et nombreux
L'escaladaient sans bruit, par quelque nuit très sombre,
Ils fuiraient éperdus d'avoir vu ta grande Ombre
Descendre, lentement, sur eux !

Oui, du vieux Saint-Malo la frégate coquette
Est sauvée à présent que c'est Cartier qui guette
Au banc de quart, la barre aux reins ;
Que c'est Duguay-Trouin qui veille aux bastingages ;
Que c'est Robert Surcouf qui parle d'abordages
En bas, au « poste » des marins !

Ah ! tu rêvais l'Oubli, Cartier, sur ta mémoire !
Va ! ne l'espère pas alors que plein de gloire
Tu ressuscites pour les tiens :
Les Ames de nos Preux planeront sur ta tête,
Auxquelles se joindront, comme en ce jour de Fête,
Les Ames des Preux Canadiens !...

Car, malgré le dédain de quelque plat ministre,
L'insulte d'un Voltaire au sourire sinistre
Et l'ingratitude d'un Roi,
Les Canadiens — après notre abandon infâme —
Sont demeurés Français, vois-tu, de cœur et d'âme
Et jamais ne t'oublieront, toi !

L'Ombre du fier Champlain qui, parti de Saintonge
Alla fonder Québec, viendra bercer ton Songe
Dans le dialecte natal ;

Et, pour te « bonjourer » au nom de tous leurs frères,
Laviolette aussi quittera Trois-Rivières
Et Maisonneuve, Montréal !

Oui, la Bretagne unie au Canada fidèle
Enverront jusqu'à toi, le soir, à tire d'aile
Les Ames de leurs meilleurs fils
Et tu verras planer ceux-là qui furent nôtres :
Beaumanoir, Duguesclin, La Tour d'Auvergne — et d'autres —
Près de Montcalm et de Lévis !...

Et les fils de la grève, et les fils de la lande
Qui s'en viendront rôder ici, sur « la Hollande »,
Se sentiront le cœur meilleur
Pour avoir entendu ces Preux en la nuit grise
Avec la douce Voix troublante de la brise
Leur parler de Gloire et d'Honneur !

THÉODORE BOTREL.

Cette évocation de la double gloire et du double honneur des deux pays impressionne vivement l'auditoire qui applaudit chaleureusement.

C'est au tour de M. Robert Surcouf, maintenant. Le député de la deuxième circonscription s'exprime en ces termes :

DISCOURS DE M. ROBERT SURCOUF

Le dix-neuvième jour du mois de Mai 1535, trois blanches caravelles, toutes voiles dehors et vent arrière, cinglaient vers la haute mer dans le décor plus sobre alors, mais non moins prestigieux, qui se déroule à nos pieds. Ce vent, par moment, apportait jusqu'à leurs bords le bruit des cloches de notre ville sonnant à toute volée.

C'était Jacques Cartier et ses fiers compagnons que le roi François Ier, « lassé de se voir deshérité du testament d'Adam par les monarques d'Espagne et de Portugal », envoyait vers les Terres Neuves pour y fonder un établissement au nom de la France.

Ils venaient de quitter l'antique cathédrale, encore étincelante de lumières et parfumée d'encens, où, avant de lever l'ancre, les avait bénis l'évêque François Bohier.

La foule, après eux, s'écoulait vers la mer, afin de saluer au passage les navires qui prenaient le large et tous, du plus humble matelot au plus renommé capitaine, sentaient leurs cœurs émus de ces sentiments patriotiques, qui les animaient d'habitude, lorsque l'un des leurs partait au péril de la mer vers les parages lointains d'où jamais ils ne revinrent sans gloire.

Déjà, l'année précédente, le 20 Avril 1534, Jacques Cartier avait quitté Saint-Malo pour aborder, le 10 Mai suivant, au cap Bonavista, sur la côte orientale de Terre-Neuve.

Il avait longé cette côte, en remontant au Nord, découvert le détroit de Belle-Ile et était redescendu dans le golfe du Saint-Laurent pour rentrer à Saint-Malo, le 5 Septembre de la même année.

Il avait ainsi passé dans ces eaux, à peu près inconnues jusqu'alors, le même temps qu'y demeurent aujourd'hui nos pêcheurs Terreneuvas.

Pour ce second voyage de Cartier, Philippe de Chabot, grand amiral de France, lui avait accordé une commission spéciale avec les facultés les plus étendues.

Le hardi navigateur prit sa route à l'Ouest, tirant un peu vers le Nord, comme la première fois, mais les vents contraires, qui s'élevèrent le lendemain du départ, rendirent la traversée plus longue et plus difficile.

Après avoir remonté vers le Nord de Terre-Neuve, il revint longer la côte américaine que le Florentin Verazzani avait reconnue quelques années auparavant, et s'enfonça dans le golfe où il avait donné rendez-vous aux deux autres bâtiments séparés de lui par la tempête.

Il entra ensuite dans le fleuve du Saint-Laurent et le remonta jusqu'à un point nommé Hochelaga, qu'il baptisa Mont-Royal, devenu depuis Montréal.

La nouvelle France du Canada était fondée et l'histoire pouvait enregistrer la première des illustrations que Saint-Malo, dans la suite et pendant de longs siècles, devait si généreusement apporter au patrimoine commun.

Peut-être est-ce l'exemple de Cartier qui suscita chez nous tant de nobles efforts, tant de vaillantises et d'héroïsmes, car il fut le premier sur ce chemin de la gloire, où tant d'autres malouins passèrent après lui ?

La postérité, qui eût dû commencer par lui, acquitte aujourd'hui un devoir de reconnaissance en fixant sa grande et belle figure dans le bronze. Elle ne pouvait pour cela choisir plus habile artiste que M. Georges Bareau, notre compatriote, dont le talent nous était connu par tant d'œuvres appréciées.

Nul mieux que le distingué président du Comité, M. Louis Tiercelin, n'était qualifié pour collaborer avec le sculpteur à l'érection d'un monument que son cœur de poète rêvait face à la grande mer dans cet emplacement unique, dont le goût heureux de M. Bénard, architecte de Saint-Malo, a tiré un si excellent parti pour l'embellissement de la ville.

Le front hanté par la grandeur de son entreprise, méditatif et comme inspiré, Jacques Cartier nous apparaît vivant dans son immobilité au milieu de ce cadre féerique que, par un sentiment de légitime admiration, lui a réservé le Conseil Municipal de Saint-Malo.

Pour nous, Messieurs, qui sommes passionnément attachés au souvenir des choses qui firent la grandeur de notre pays, Cartier a deux titres, qui ne peuvent s'oublier à notre hommage reconnaissant.

Il découvrit le Canada et y fonda une nouvelle France.

Il fut le précurseur de ces vaillants armateurs et pêcheurs à la grande pêche, dont l'industrie a rapporté jusqu'à nos jours tant de bénéfices à notre région, tant de profit à notre marine de guerre et tant d'honneur à notre pavillon.

En voyant aujourd'hui, groupés autour de ce monument les éminents représentants du Canada,apportant leur hommage empressé à celui qui fut leur grand ancêtre, nous sentons quel lien puissant, en dépit de toutes les vicissitudes, les attache encore à la France. Qu'ils y soient les bienvenus. L'accueil réservé aux bords du Saint-Laurent à notre vaillant barde breton, Théodore Botrel et sa gracieuse compagne évoquant la mémoire de Cartier, la générosité de vos souscriptions; Messieurs les Canadiens français, sont autant d'indices que la sincérité de votre loyalisme n'exclut pas pour la France la tendresse pieuse qui trouve aujourd'hui une occasion si claire de se manifester.

Je ne chercherai pas quelle impéritie, quelle légèreté coupables du Gouvernement d'alors, nous amena, par le traité de 1763, à renoncer définitivement à l'Acadie, à Terre-Neuve, au Canada et à nos plus belles colonies.

Ainsi, tandis que l'Inde nous échappait, ne nous laissant que le souvenir glorieux de Dupleix et de Mahé de la Bourdonnais, l'un des nôtres encore, cette époque néfaste marquait le sacrifice de ces terres françaises d'Outre-Atlantique, auxquelles restent attachés, comme le drapeau à sa hampe, les noms des Jacques Cartier, des Champlain, des Lévis et des Montcalm.

De tels souvenirs et de tels noms ne peuvent s'effacer de nos cœurs.

Ils doivent constituer comme un lien plus fort que tous les autres entre vous, Messieurs les Canadiens, et la France, qui vous garde une affection fidèle.

Ils doivent nous engager à renouer plus fortement que jamais la chaîne de parenté brisée par le malheur des temps passés.

Nous ne le pouvons aujourd'hui que par les spéculations du commerce pacifique que nous offre votre pays si riche et si prospère, si accueillant pour tous ceux qui portent un nom français.

Souhaitons que le Canada, où l'on parle si volontiers notre langue, où la plupart des familles ont des ramifications chez nous, devienne la terre d'élection des Français qui vont, plus nombreux, chaque année, demander à des terres plus neuves que la nôtre les résultats qu'ils ont le droit d'attendre de l'esprit d'initiative et du travail.

Si Jacques Cartier, pour la première fois qu'il atteignit Terre-Neuve, avait pu entrevoir, dans une vision magique de l'avenir, les navires français défilant le golfe du Saint-Laurent ou venant en foule dans les parages du Grand Banc chercher dans ces eaux lointaines le poisson qui a jusqu'ici constitué un élément si intense de la prospérité de notre pays, il eut pu ressentir un légitime orgueil d'avoir ainsi frayé la voie à tant de générations d'audacieux marins.

Certes, Messieurs, comme au temps jadis, l'entreprise est toujours osée, car combien sont partis joyeux qui ne sont jamais revenus !... Hélas ! trop de souvenirs douloureux et récents nous assaillent !...

Puisse, dans l'avenir, la grande image de Jacques Cartier apparaître dans la tempête, pour guider loin des écueils ou des banquises, vers les passes favorables, nos navires en péril.

Puisse sa grande âme fortifier les vôtres, s'il en est besoin, marins du Clos Poulet, lorsqu'au départ de Saint-Malo vous contemplerez sur ce rempart fameux, l'œil fixé sur l'horizon, la main à la barre, comme une vigie toujours en éveil, éternel pilote de notre cité vers l'immortalité....

M. Robert Surcouf regagne sa place au milieu des applaudissements qu'éveille son chaleureux langage.

M. C. La Chambre succède à M. Robert Surcouf et trouve des accents nouveaux sur un sujet qui pouvait sembler épuisé. Et ce qu'il y a de caractéristique dans cette fête, selon une remarque que me faisait Brémont, bon juge en ces matières, c'est que l'intérêt n'ait pas faibli un instant et que, sans s'être entendus d'avance, les orateurs et les poètes aient su montrer chacun une face nouvelle du sujet et l'aient fait dans de justes proportions et avec une originalité particulière.

DISCOURS DE M. C. LA CHAMBRE

Messieurs,

Dans cette circonstance solennelle où la mémoire de Jacques Cartier vient d'être chantée par les poètes des Deux-Mondes, célébrée par l'un des plus délicats écrivains de notre Bretagne (j'ai nommé le Président du Comité d'inauguration), je serais tenté de renoncer à la parole si je ne devais, comme représentant de la première circonscription de l'arrondissement de Saint-Malo, revendiquer l'honneur de faire entendre ici la voix du pays malouin.

Et ce qui m'encourage à le faire, c'est que cette voix populaire parle pour ainsi dire d'elle-même, en témoignant d'un élan unanime, par ses acclamations spontanées, que le nom de Jacques Cartier reste parmi nous toujours impérissable.

Près de quatre siècles cependant se sont écoulés ; mais ils n'ont servi qu'à donner aux passions des contemporains le temps de s'éteindre, et aujourd'hui, avec le recul de l'histoire impartiale, la grande figure du héros se montre à nous dans son éclat le plus pur.

A ne voir que les apparences, une aussi longue attente semblerait impliquer, de la part de ses concitoyens, quelque peu d'oubli ou d'indifférence.

Et à ce propos, il me sera permis de rappeler une visite que j'eus l'honneur de recevoir, il y a quatorze ans, du premier Ministre de la province de Québec, Honoré Mercier. Comme je lui faisais voir les souvenirs se rattachant à la vie de Jacques Cartier dans notre pays, il me posa la question : « Mais où donc est sa statue ? » Je dus alors lui faire comprendre la véritable raison, si surprenante qu'elle paraisse, qui avait toujours fait obstacle à l'érection de ce monument : « Non certes, la Cité est trop attachée à ses nobles traditions pour se montrer ingrate envers la nombreuse lignée d'enfants célèbres qui l'ont illustrée à travers les siècles mais enserrée qu'elle est dans sa ceinture de granit, entourée par la mer de toutes parts, elle ne disposait plus de places publiques assez vastes pour donner asile à tous ses grands hommes. »

A défaut d'une œuvre plus complète dont il regrettait l'absence, le Ministre canadien voulut du moins laisser un souvenir durable de son pélerinage à la ville natale de Jacques Cartier, et il fit graver sur une plaque de marbre rouge, à l'entrée du chœur de notre cathédrale, l'inscription connue qui rappelle une des heures les plus solennelles de la vie du héros.

Quelques années après la date de la visite dont je parle, les progrès de la stratégie moderne, ayant permis de transporter en grande rade les ouvrages de défense de nos côtes, laissèrent enfin entrevoir la possibilité d'élever sur les glorieux remparts de la cité un monument digne du grand ancêtre. Bientôt se forma un Comité de citoyens dévoués qui recueillit les premières souscriptions locales; puis l'idée fut conçue d'associer nos frères d'outre-mer à l'œuvre malouine, et le barde breton, Théodore Botrel, n'hésita pas à consacrer sa muse au succès de cette noble cause. Ses accents inspirés surent bien vite trouver le cœur des Canadiens français, et d'un beau geste, il rapporta de son voyage dans leur contrée l'abondante récolte de reconnaissance que Jacques Cartier y avait jadis semée !

Le rêve conçu depuis si longtemps est aujourd'hui devenu une réalité saisissante sous les traits puissants que l'artiste habile a su donner à la statue. C'est bien ainsi que les Malouins aiment à se figurer leur Jacques Cartier, le regard méditatif, scrutant cet horizon de mer qui lui était familier ; la main nerveuse, étreignant le gouvernail en signe d'énergie et de vaillance. Ne nous apparaît-il pas ainsi comme le maître pilote de la *Grande-Hermine*, et ne semble-t-il pas veiller désormais sur la ville qui donne elle-même l'illusion d'un vaisseau de haut bord, ayant pour grand mât la flèche de sa cathédrale ?

Comme l'a dit un de ses meilleurs historiens : « Si il était permis « aujourd'hui à Jacques Cartier de sortir du tombeau pour contem- « pler le vaste pays qu'il a livré, couvert de forêts et de hordes bar- « bares, à l'entreprise et à la civilisation européennes, quel spec- « tacle plus digne pourrait exciter dans son cœur l'orgueil d'un « fondateur d'empire, le noble orgueil de ces hommes privilégiés « dont le nom grandit chaque jour avec les conséquences de leurs « grandes actions. »

Son enfance avait été comme bercée au bruit des exploits fameux qui venaient de révolutionner le monde civilisé dans les dix dernières années du quinzième siècle.

C'était d'abord, à l'époque même de sa naissance, en 1492, la découverte des Antilles et de l'Amérique, accomplie par Christophe Colomb pour le compte de l'Espagne.

Bientôt après, Vasco de Gama, à la tête d'une expédition portugaise, trouvait la route de l'Inde en parvenant à doubler le cap de Bonne Espérance. Puis Améric Vespuce au Brésil, Fernand Cortez au Mexique, ajoutaient encore à la gloire de l'Espagne en explorant ces nouveaux territoires.

Seule, la France, parmi les puissantes nations maritimes de l'époque, n'avait pas encore pris sa part des grandes découvertes qui venaient de s'accomplir ; l'exemple du navigateur Verazzani qui, envoyé par François Ier en 1524 pour reconnaître les terres septentrionales de l'Amérique, ne reparut jamais, aurait pu être de nature à faire hésiter les plus intrépides.

Jacques Cartier toutefois, loin de se laisser décourager par un tel précédent, ne vit dans le rêve qu'il caressait depuis longtemps qu'une part de gloire plus belle à conquérir pour son pays, parce que plus périlleuse. Il fit part de ses projets à Philippe de Chabot, Amiral de France, et le roi François Ier accepta avec empressement de lui confier le commandement d'une expédition vers les terres inconnues de l'Amérique du Nord. Malgré le faible tonnage de ses navires, malgré le petit nombre de ses hardis compagnons, Jacques Cartier se lança résolument à travers l'Océan ; après avoir surmonté mille dangers, il réussit enfin à découvrir cet immense territoire, qui devint la première colonie de la mère-patrie et à laquelle il donna le beau nom de Nouvelle-France. Non content d'en avoir reconnu le rivage, il s'aventura à pénétrer jusqu'au cœur même du pays, dont il prit possession au nom de François Ier, et dans l'accomplissement de cette tâche, il se révéla aussi fin diplomate avec la foule des tribus barbares qu'il s'était montré hardi navigateur.

Les conséquences de la découverte de Jacques Cartier se déroulent à travers la longue histoire du Canada qui commence bientôt à prendre son essor. Elles nous apparaissent dans leur épanouissement sur les rives aujourd'hui florissantes du Saint-Laurent, où se sont élevées ces belles et grandes villes de Québec et de Montréal, dont Jacques Cartier avait par avance comme marqué l'emplacement. Nous les admirons surtout dans le développement prodigieux de cette vaillante race des Canadiens français que les vicissitudes du dix-huitième siècle ont amenés à devenir les loyaux sujets du Royaume-Uni, mais qui ont su maintenir intactes leurs traditions, leur foi et leur langue d'origine.

Et si, ramenant maintenant nos regards vers le pays natal, nous y cherchons ce qui demeure des grands actes accomplis par Jacques Cartier, nous ne pouvons pas ne pas être frappés de la marque indélébile imprimée par son génie sur les générations qui lui ont succédé. N'est-ce pas lui qui a fixé en quelque sorte ce caractère si particulier aux grands citoyens malouins, dont nous retrouvons les signes distinctifs à chaque page de notre histoire locale, caractère fait à la fois d'audace, d'initiative et de ténacité, frondeur parfois, altier souvent, mais toujours ardemment épris de liberté et soigneusement jaloux de son indépendance ?

C'est à l'exemple du grand ancêtre que Duguay-Trouin, à la tête d'une escadre française, alla se couvrir de gloire devant la place réputée imprenable de Rio-de-Janeiro, et que La Bourdonnais, gouverneur général des îles de France et de Bourbon, l'émule de Dupleix, immortalisa son nom en apportant la prospérité à ce beau domaine de la France.

A son exemple aussi, le célèbre géomètre Maupertuis dirigea avec éclat une des plus fécondes expéditions qui aient été tentées vers le pôle ; puis ce fut Chateaubriand lui-même, faisant voile pour le Nouveau-Monde, y vivant pendant une année au milieu des sauvages, et nous rapportant de son séjour le roman poétique des Natchez.

Ne se sont-elles pas également inspirées de lui ces hardies générations de corsaires qui, pendant un siècle et demi, exercèrent sur les mers un véritable empire, et dont nous célébrions, il y a deux ans, les brillants faits d'armes à l'inauguration de la statue de Robert Surcouf ?

Enfin, Messieurs, aujourd'hui comme il y a quatre siècles, les « Terre-Neuvas », comme on les appelle chez nous, quittant chaque printemps notre port, vont faire flotter nos trois couleurs près des rives du Saint-Laurent. Comme ceux d'autrefois, ils affrontent avec les mêmes qualités de vaillance, les périls si nombreux de ces mers inhospitalières, et après s'être formés à cette rude école de navigation, ils reviennent, marins aguerris, prêts à constituer l'élite des équipages de notre flotte de guerre.

Ce sont là, Messieurs, les réconfortants souvenirs qu'évoque la grande figure de Jacques Cartier et qui donnent à cette cérémonie sa vraie signification ; l'hommage rendu à la mémoire du héros dépasse les limites de notre petite patrie ; il franchit même les frontières de France pour trouver un écho sympathique jusqu'au delà de l'Atlantique.

La cité de Saint-Malo, fière du dépôt de gloire qui est son patrimoine et dont elle a la garde, ne saurait oublier sa dette de reconnaissance vis à vis de ses enfants ; et c'est pourquoi, Malouins et Canadiens de commune origine, assemblés dans une entente cordiale au pied de ce monument, nous ne pouvons mieux acclamer l'ancêtre qu'en unissant les devises des deux pays : « Toujours fidèle, je me souviens ! »

Cette « voix du pays malouin » éveille à plusieurs reprises des échos dans la foule ; quand les derniers bravos se sont tûs, M. Ch. Jouanjan, Maire de Saint-Malo, se lève et dit :

« Après le discours magistral, de si merveilleuse envolée, de M. le Ministre du Canada, je ne vois qu'un moyen de lui témoigner notre admiration et notre reconnaissance : c'est de lui décerner, s'il veut bien l'accepter, le titre de citoyen de Saint-Malo. »

C'est par une chaleureuse poignée de main que répond l'Honorable M. Turgeon ; le Ministre et le Maire scellent ainsi le brevet de cité malouine. C'est une heureuse idée qu'a eue là M. Jouanjan. Elle lui est venue du cœur ; elle est allée au cœur des Malouins ; elle ira au cœur des Canadiens-Français. « Vive Turgeon, citoyen de Saint-Malo ! » crie la foule qui contresigne ces lettres de grande naturalisation.

Il fallait conclure. En quelques paroles brèves et nettes, le Maire de Saint-Malo l'a fait très heureusement.

DISCOURS DE M. CH. JOUANJAN

Il y a un an environ, à l'inauguration de la plaque commémorative des Lamennais, j'exprimais le vœu que la Ville de Saint-Malo pût enfin voir s'élever sur la Hollande la statue de notre illustre compatriote Jacques Cartier, vœu que d'aucuns pouvaient trouver téméraire, mais qui a été cependant réalisé, grâce à ceux qui n'ont jamais désespéré et ont apporté chacun leur pierre à l'édification de ce monument.

N'avaient-ils pas, en effet, pour les encourager et les soutenir, l'exemple de celui qui possédait à un si haut degré ces deux grandes qualités de notre race bretonne : audace et tenacité, de la race de ceux que chantait Brizeux :

> La race courageuse et pourtant pacifique
> Que rien ne peut dompter quand elle a dit : Je veux !

l'exemple de ce marin dont le sculpteur a si magistralement rendu l'image, de ce chercheur de mondes, sondant l'inconnu, scrutant l'au-delà qu'il a deviné, mais tenant ferme la barre du gouvernail, sachant bien que, s'il peut laisser au hasard la part d'aléa qui accompagne chaque découverte, il n'en est pas moins responsable de ceux dont il est le maître après Dieu, à bord de son navire, et que cette puissance ne lui a été donnée que dans l'intérêt même de ceux qu'il doit conduire.

En glorifiant Jacques Cartier, en le symbolisant comme le précurseur de cette pléiade de marins qui ont illustré notre cité, vous avez voulu montrer que tant vaut le capitaine, tant valent les équipages qui l'aident à accomplir ces prodiges d'intrépidité et de vaillance si communs dans nos populations maritimes.

Et ce n'était pas une des moindres satisfactions de notre amour-propre de patriote et de Français d'entendre, chaque année, à l'appel des Conseils de révision, ces mots : « Inscrits maritimes, engagés volontaires », ponctués douloureusement parfois de ce glas lugubre : « Mort au service », saluant les noms de ceux qui ne boudent jamais pour accomplir leur devoir, pour payer à leur tour l'impôt du sang.

Lorsque, il y a quelques semaines à peine, la France, en proie à une inquiétude passagère, se demandait si les événements extérieurs n'allaient pas faire naître des complications imprévues, nous n'avons pas éprouvé ici cette anxiété qui semblait planer sur d'autres régions : c'est que chacun de nous avait conscience de ce qu'il devait faire ; chacun de nous savait qu'il est des sacrifices qu'il faut accomplir simplement, sans forfanterie, mais avec la ferme résolution de ne pas mollir, de faire comme toujours son devoir, tout son devoir.

C'est ainsi qu'en contemplant cette statue, en regardant aussi celle que les descendants des corsaires ont élevée à Surcouf, qui personnifiait au siècle dernier le courage indomptable des marins de Saint-Malo, les générations à venir apprendront que la meilleure école du patriotisme est celle qui enseigne à ne pas se laisser bercer par des rêves de pacification générale, à gouverner droit pour éviter les écueils et à regarder l'avenir en face, en répétant le vieil adage : « Fais ce que dois, l'honneur sera sauf ».

Au nom de la Ville de Saint-Malo, j'accepte avec reconnaissance le monument élevé à Jacques Cartier, à l'une de nos gloires les plus pures, au marin qui a consacré sa vie à la grandeur et à la prospérité de la patrie !

Et c'est sur ces bonnes paroles, si chaleureuses et si chaleureusement applaudies, que la fête a pris fin. Les musiques, qui plusieurs fois pendant la cérémonie se sont fait entendre, ont joué une dernière fois. Lentement, la foule s'écoule, se disperse, s'émiette à travers les rues, emportant de cette cérémonie une grande impression durable. Parmi tous les noms qu'on se répète, un nom revient par-dessus tous les autres, celui de M. le Ministre des

Terres de la Province de Québec, l'Honorable A. Turgeon, *citoyen de Saint-Malo.*

CONCERT-GALA FRANCO-CANADIEN AU CASINO MUNICIPAL

Le *Salut* s'exprime ainsi :

La soirée par les rues de Saint-Malo, animées encore de la présence des marins de l'escadre, fut véritablement délirante.

L'Hôtel-de-Ville et un certain nombre de maisons particulières avaient illuminé. La place Chateaubriand, embrasée de feux innombrables, était transformée, à partir de neuf heures, en une véritable fourmilière humaine. La musique de la flotte se faisait entendre sur le kiosque alternativement avec la musique municipale de Saint-Servan, et des feux de Bengale enveloppaient de dix en dix minutes les murs du Château de leurs clartés éblouissantes.

Au Casino, le Directeur avait bien voulu offrir l'hospitalité de sa salle au Conseil Municipal, au Comité du Monument et à ses invités ; l'hospitalité de sa scène aussi aux artistes qui, avec une bonne grâce et un désintéressement absolus, s'étaient empressés de répondre à l'appel que leur avait adressé le Président du Comité du Monument.

Voici le programme du concert, tel qu'il avait été dressé par lui et tel qu'il a été exécuté.

Première Partie

1. *Airs Canadiens*.............................. VÉZINA
   La Musique du 47e.
2. Ouverture de *Patrie*.............................. G. BIZET
   Les Orchestres de la Société Philharmonique et du Casino.
3. A. *La Brouette*.............................. E. ROSTAND
   B. *Le Signe*.............................. LOUIS TIERCELIN
   M. L. BRÉMONT.
4. *Ysabeau s'y promène*, chanson canadienne.. AMÉDÉE TREMBLAY
   A la claire Fontaine, chanson canadienne... ERNEST GAGNON
   M. Xavier MERCIER.

5. *Chansons Bretonnes*.......................... TH. BOTREL
Mme Th. BOTREL et l'AUTEUR.
Au piano : M. André COLOMB.

Deuxième Partie

1. *Marche de l'Inauguration*.................. FORTUNÉ JULY
La Musique du 47e et les Orchestres de la Société Philharmonique et du Casino, sous la direction de l'auteur.

2. Ouverture de *Rienzi*...................... R. WAGNER
Les Orchestres du Casino et de la Société Philharmonique.

3. { A. *Romance* .... SWENDSEN
B. *Ronde des Lutins*....................... BAZZINI }
M. SZIGETTI.

4. *Inspirez-moi*, grand air de la *Reine de Saba*.. CH. GOUNOD
M. Xavier MERCIER.

5. { A. *Pauvres Petits*, poème.................. B. MILLANVOYE
Adaptation musicale.................. EMILE TRÉPART
B. *Nuit divine*, poème.................. ALBERT SAMAIN
Adaptation musicale.................. GABRIEL PIERNÉ
C. *Incantation*, poème...................... VICTOR HUGO
Adaptation musicale.................. FRANCIS THOMÉ }
Poésies : M. BREMONT — Violon : M. SZIGETTI
Piano : M. PIFFARETTI

6. *Chansons Nouvelles*........................ TH. BOTREL
Mme Th. BOTREL et l'AUTEUR.

Le piano d'accompagnement de la Maison GAVEAU sera tenu par Mlle DOUARD.

Un dessin de M. Malo Renault, représentant *Cartier à la barre*, illustrait ce programme.

Les journaux ont constaté le grand succès de cette soirée. Les orchestres, sous l'habile direction de Giannini, directeur artistique du Casino, ont mérité tous les éloges et tous les remerciements.

La Marche de l'Inauguration, de Fortuné July, a été un triomphe pour le compositeur. M. Szigetti fut étourdissant de virtuosité. M. Xavier Mercier, dans les *Chansons canadiennes*, nous charma et nous ravit dans le beau grand air de *La Reine de Saba*. Sa voix souple est non moins remarquable par la grâce de ses demi-teintes que par son ampleur et sa sonorité. Que dire de Brémont, qui n'ait été dit cent fois? Cet admirable artiste, aussi savant professeur que merveilleux interprète, nous a tour à tour émus, entrainés, éblouis. Il est impossible de mieux dire les vers, soit que le violon et le piano les accompagnent, et quel violon, Szigetti ! et quel piano, Piffaretti ! soit qu'ils aient pour toute musique, et cela suffit pour les faire chanter, la musique de cette voix qui vaut à elle seule les autres instruments ensemble.

Voici, privés de cette musique, les vers que j'avais écrits pour cette fête et que Brémont a dits merveilleusement.

LE SIGNE

Un lourd matin de brume, il allait par la grève,
Interrogeant au loin la mer
Du regard anxieux et du sourire amer
Des enfants qu'a touchés le Rêve.

Le soleil printanier pointait à l'Orient
Sous d'épais tourbillons de pluie,
Et semblait, à travers des larmes qu'on essuie,
Comme un visage souriant.

Le long des rocs que découvrait la mer étale,
Sur le sable et les varechs bruns,
Cartier frayait sa route, au milieu des embruns,
Vers cette pointe occidentale,

Où, chaque jour, il vient s'asseoir sur le rocher,
Cherchant le sillage éphémère
Du navire idéal que monte sa chimère,
Et s'obstinant à le chercher.

Chimère ! non ! Réalité dont il est ivre
Et sous laquelle il chancela,
Quand des nuages fous, fuyant vers l'au delà,
L'appelaient là-bas à les suivre.

A les suivre, là-bas, au pays du Ponant,
Vers des Atlantides nouvelles !...
Et, pareil à Colomb guidant ses caravelles,
Il sait sa route maintenant.

Gama, Cortereal et Cabot et Vespuce
Lui sont des exemples fameux !
Il veut gagner son lot de ces Indes comme eux,
Mais sans cruauté, sans astuce,

Loyalement ! Il veut que la France ait son tour
Au partage du Nouveau Monde
Et qu'elle fasse enfin dans l'empire qu'il fonde
Son œuvre de gloire et d'amour.

Oh ! découvrir aussi, sur ces lointains rivages
Que nul pied n'a foulés encor,
De magiques forêts, des plaines aux fleurs d'or,
Où vivent des hommes sauvages !

Des montagnes qu'on voit dresser leurs pics géants
Dans les nuages ; de grands fleuves
Ouvrant leur cours fertile au sein des terres neuves ;
Des lacs qui sont des océans !

Là scintillent partout, dans la splendeur des choses,
Écailles au frisson changeant,
Coquillages de pourpre et fourrures d'argent,
Des ailes d'azur et de roses !

Là, les diamants sont les pierres des chemins
Et le flot tranquille déferle
Sur des bancs de corail et des nacres de perle
Qu'on peut cueillir à pleines mains !

Là, les blés et les fruits mûrissent sans culture ;
Là, chacun, dans son libre effort,
Sent palpiter en lui, plus heureux et plus fort,
La jeunesse de la nature !...

Cet Eldorado s'ouvre à ses quinze ans hardis :
Prendre en sa main les Lys de France
Et la Croix de Jésus et, des bords de la Rance,
Les porter dans ce paradis !

Les faire rayonner là-bas de plus de flammes
Et, soumettant tout à leur loi,
Conquérir pour jamais des sujets à son roi
Et gagner à son Dieu des âmes.

Avoir tous ces trésors, avoir tous ces bonheurs,
Et ce triomphe et cette gloire !...
Mais le rêve est si beau qu'il n'ose plus y croire
Et ses yeux se mouillent de pleurs.

Il n'est pas assez grand, il n'est pas assez digne !
Il hésite, il doute aujourd'hui !
C'est trop d'audace ! Un humble, un pécheur comme lui !
Si Dieu pourtant montrait un signe !

Comme il courait vers ces bonheurs et ces trésors !
Quelle force alors le soulève
Vers le triomphe et vers la gloire de son rève !
Et son rêve est vivant alors !

Or, soudain, sur la mer, de sa droite à sa gauche,
Voici que, surgissant d'un grand geste qui fauche,
Un arc-en-ciel aux sept couleurs
Encercle tout l'azur de sa courbe irisée
Et, parmi les rayons, des gouttes de rosée
S'égrènent ainsi que des fleurs.

Et c'est comme une porte immense et triomphale !
Noblesse de palais, splendeur de cathédrale,
Elle s'ouvre sur l'occident,
Sur l'occident vers qui se tend son bras qui tremble !
Et la Porte de Ciel éblouissante semble
Inviter son désir ardent !

Et son cœur bat plus fort et son regard se voile !
Est-ce un prestige ? Est-ce un miracle ?... Cette voile !
C'est un navire !... Il a cru voir !...
Il a vu !... Sous le vent en poupe qui le penche,
Le navire a cinglé ; déjà la Voile Blanche
Entre sous la Porte d'Espoir.

Et la Voile a suivi le Sillage de Rêve ?...
Et debout, saluant cette aube qui se lève
Pour les Fleurs de Lys et la Croix,
Et joignant ses deux mains vers le Ciel qui console,
Sûr d'avoir entendu la Divine Parole,
L'enfant dit : J'espère et je crois !

LOUIS TIERCELIN.

Xavier Mercier avait donné la note franco-canadienne, dans ces jolies chansons populaires, harmonisées si finement par Gagnon et si curieusement par Tremblay, Botrel et sa charmante femme ont donné la note franco-bretonne. On a épuisé toutes les formes de l'éloge pour louer et applaudir le barde breton et sa jolie « douce ». Botrel est inlassable et on ne se lasse pas de l'entendre. L'aède ancien remuait les pierres aux accords de sa lyre : le jeune poète remue l'or au son de sa voix. C'est qu'il s'adresse au cœur et que par un incomparable don d'action et de pénétration, il émeut et il charme. Cette soirée s'ajoute à toutes celles où nos deux amis se sont fait aimer davantage et davantage apprécier.

Pour sonner l'adieu, Th. Botrel nous chante sur l'air de *La Canadienne* la jolie chanson qu'il vient d'improviser dans les coulisses :

VIVE LE CANADA !

A travers l'Atlantique,
Vole, mon cœur, vole !
Au Nord de l'Amérique
Mon souvenir s'en va !
Vive le Canada,
Oui-dà !
Vive le Canada !

Vers la Côte divine,
Vole, mon cœur, vole !
Où la *Petite-Hermine*
Autrefois aborda !
Vive le Canada, etc...

Vers la Terre bénie,
Vole, mon cœur, vole !
Où, l'âme épanouie,
Cartier, jadis, pria !
Vive le Canada, etc...

Plus loin que Terre-Neuve,
Vole, mon cœur, vole !
Au pays du grand Fleuve
Que Cartier remonta !
Vive le Canada, etc...

Au pays des érables,
Vole, mon cœur, vole !
Des forêts admirables
Où nul jamais n'entra !
Vive le Canada, etc...

Au pays où tout homme,
Vole, mon cœur, vole !
A l'air d'un gentilhomme :
Marin, prêtre ou soldat !
Vive le Canada, etc...

Vers Montréal-la-Belle,
Vole, mon cœur, vole !
Vers la Ville fidèle
Au vieux Pays ingrat !
Vive le Canada, etc...

Va, mon cœur, vole à l'aise,
Vole, mon cœur, vole !
Vers Québec-la-Française,
Vers l'Anglaise Ottawa !
Vive le Canada, etc...

Vers la Terre accueillante,
Vole, mon cœur, vole !
Toujours si bienveillante
A ceux qu'on exila !
Vive le Canada, etc...

La Terre où, libre encore,
Vole, mon cœur, vole !
Le Drapeau tricolore
A jamais flottera !
Vive le Canada,
Oui-dà !
Vive le Canada !

TH. BOTREL.

André Colomb accompagnait M. et Mme Botrel avec sa *maëstria* ordinaire et extraordinaire, on peut le dire sans exagération.

Mlle Douard, la pianiste si sympathique, de grand talent et de bonne grâce, avait tenu, pendant la soirée, le piano d'accompagnement.

Je n'ai rien dit de la composition de la salle, qu'une foule élégante emplissait : habits noirs, uniformes, toilettes claires, savants décolletages, fleurs et diamants. Une vraie salle de gala.

M. le Sous-Préfet avait réçu dans sa loge M. le Général Méert et M. l'Amiral Leygue ; M. le Maire, dans la sienne, le Ministre Canadien, le Commissaire général du Canada, etc.

Aux fauteuils d'amphithéâtre : M. et Mme C. La Chambre, M. et Mme A. Houitte de la Chesnais, M. et Mme Robert Surcouf, M. et Mme de Mestadier, Mlle Hortense Cartier, Mme et Mlles Tiercelin, M. et Mme J. de Boismenu, M. et Mme F. Bazin, M. et Mme Pointel, M. et Mme Ameline, M. et Mme W. Rouxin, MM. et Mmes Edmond et Charles Saint-Mleux, M. et Mme E. Herpin, le Docteur et Mme Page, M. et Mme Thomas Maisonneuve, M. et Mme Radenac, M. et Mme Mignot, le Docteur et Mme Ferrand, M. et Mme Cuny, le Commandant et Mme Reige, M. et Mlle Rosse, le Docteur et Mme Hervot, M. et Mme Ch. Vié, M. et Mme Delestre, le Lieutenant et Mme Multzer O'Naghten, M. et Mme Baud, de nombreux conseillers municipaux, etc.

Aux fauteuils d'orchestre, les Commandants et les Officiers des vaisseaux, M. le Docteur Peynaud, M. Lempereur, M. Le Sage, conseiller général, M. Pottier, administrateur principal de la Marine, M. le Commandant Devoir, M. L. Giblat, le Président et les Membres du Comité, etc.

Les entr'actes, dans le grand salon de jeu, étaient particulièrement animés.

Cependant, sur l'esplanade des écluses, un feu d'artifice,

comme on n'en avait jamais vu de pareil à Saint-Malo (1), érigeait ses multiples pièces et lançait ses innombrables fusées vers le ciel qui nous souriait toujours.

(1) Le 17 juillet, j'avais reçu de M. C. Rieger, membre de la Société Archéologique, la lettre suivante que je soumettais au Comité :

« Monsieur le Président,

« Lors des fêtes et réjouissances publiques, on allume des feux de Bengale « dans les clochers *ajourés* des villes de l'Est et de la vallée du Rhin (Metz, « Strasbourg, Trêves, Cologne).

« Ces feux changent de couleur toutes les cinq minutes et sont entretenus pen- « dant *une* heure environ.

« Le clocher de Saint-Malo se prêterait admirablement à une illumination de « ce genre, dont la dépense serait bien minime eu égard à l'effet considérable et « saisissant produit non seulement dans les trois villes, mais encore assez loin « dans les campagnes.

« Je prends la liberté de vous communiquer mon idée en qualité de Membre « de la Société Archéologique. Heureux si elle peut contribuer pour une petite « part à l'éclat des fêtes données en l'honneur de Jacques Cartier.

« Veuillez agréer, Monsieur le Président, l'assurance de ma considération la « plus distinguée.

« C. Rieger. »

Il est regrettable qu'on n'ait pas donné suite à cette proposition, et je souhaite qu'on puisse la réaliser quelque jour. Ce sera une curieuse et nouvelle attraction.

POSE DE LA PLAQUE COMMÉMORATIVE SUR LE MANOIR DE JACQUES CARTIER

(*Paramé, 24 Juillet 1905*)

L'inoubliable fête de l'inauguration de la statue devait avoir un lendemain, par la pose d'une plaque commémorative sur le manoir de Jacques Cartier, à Paramé. Mais la journée allait commencer à Saint-Malo.

La municipalité avait bien voulu nous prêter sa Salle des Fêtes, pour le déjeuner auquel nous avions convié les invités et les hôtes du Comité.

LE BANQUET DU COMITÉ

A midi, plus de quatre-vingts convives s'asseyaient des deux côtés d'une table brillamment fleurie. Le Président du Comité avait à sa droite Mlle Hortense Cartier et à sa gauche, l'amiral Leygue. En face, M. le Maire était assis, ayant à sa droite l'Hon. Ministre Canadien et à sa gauche,

Mme Botrel. Parmi les convives, citons M. Rougnon de Mestadier, chef du service de la Marine ; les deux adjoints au Maire, MM. Viguier et Pointel, les membres du Conseil Municipal, des membres de la Presse, l'architecte et le bibliothécaire de la Ville, le secrétaire général de la Mairie, les chefs des musiques qui avaient prêté leur concours à la fête, le capitaine et un lieutenant de la compagnie des pompiers, de nombreux officiers de la Marine et de l'Armée ; le Conseil Général était représenté par M. Demalvilain, maire de Saint-Servan, à qui bien des remerciements sont dûs pour la bonne grâce avec laquelle il s'est associé à ces fêtes malouines ; parmi les Canadiens, on remarquait l'Honorable Hector Fabre, MM. L.-J. Ethier et R. Bauset, représentant la ville de Montréal ; Charles Lefebvre, Joseph Picard, Dr Dubeau, Dr Casgrain, Bellanger, Dr Lemieux, Paul Wiallard, Xavier Mercier, Ludger Gravel, Dr Brisson, Pierre et Olivier Rolland, F.-X. Lemieux, etc. Parmi nos concitoyens, citons MM. Radenac, Lemée, Charles Dumont, Lemarié, Baud, Vigour, René Grivart, etc., etc. Quelques dames Canadiennes étaient présentes, dont je regrette de n'avoir pas trouvé les noms dans les comptes rendus de la presse.

Le menu du déjeuner, servi par la maison Gaze de Rennes, était le suivant :

COMITÉ DU MONUMENT JACQUES CARTIER

BANQUET DU 24 JUILLET 1905

MENU

(Orné d'une reproduction de la statue de G. Bareau).

Croustades de mauviettes

Truites saumonées sauce Francillon
Cantaloup glacé au Porto

Filets de Charolais à la Sévigné
Canetons à la Java
Granité Helvetia

Dindonneaux de Bresse à la Périgourdine
Salade Bagration
Haricots verts à l'Anglaise

Ananas à la Montmorency
Bombes Duchesse Anne
Gaufrettes vanille
Petits fours
Coupes de raisins, pêches, prunes, abricots

Tisane de Champagne en carafes
Graves, Médoc
Haut-Sauternes, Château Pichon-Longueville, Beaune 1895
Champagne Duc de Montebello
Café, liqueurs. (1)

« Une cordialité charmante, dit *Le Salut*, préside à cette réunion, qui s'achève, comme celle de la veille, par des toasts. » C'est le Président du Comité qui commence.

TOAST DE M. LOUIS TIERCELIN

Messieurs,

Rappelant, hier, un aimable discours de M. Brunetière, M. le Député de la deuxième circonscription de Saint-Malo nous disait : *Continuez*... On voit bien qu'il s'appelle Surcouf !... Quant à moi, pour *continuer* longtemps, j'aurais besoin de plus de forces et, au milieu de cette journée qui sera la dernière de nos fêtes, si vous me réclamiez un mot historique, celui qui s'échapperait de ma poitrine serait celui-ci : Ouf !

C'est peut-être le vôtre aussi, car nous vous avons beaucoup demandé, avant et pendant ces fêtes, et nous avons à nous accuser d'avoir abusé presque de vos bonnes volontés. Excusez-nous, c'était pour Jacques Cartier, et souffrez que je *continue*, puisque c'est pour vous remercier.

Hier, je l'ai fait publiquement, j'ai dit tout ce que nous devions au

(1) Pendant ces deux journées, M. Gaze, l'excellent traiteur Rennais, a su être à la hauteur de sa vieille réputation. Ces deux déjeuners ne se sont ressemblés que par leur excellence.
Les menus, illustrés par le maître imprimeur Rennais, F. Simon, ont été fort remarqués.

Gouvernement ; que M. le Sous-Préfet, que nous sommes heureux de voir parmi nous, aujourd'hui, veuille bien se faire l'interprète de notre reconnaissance. Que le Conseil municipal de Saint-Malo en agrée aussi l'expression ; elle est sincère et vive pour les appuis de toute sorte qu'il nous a toujours prodigués. D'autres Conseils municipaux ont bien voulu s'inscrire parmi nos souscripteurs, qu'ils en soient remerciés.

J'ai dit hier à M. le Sénateur Garreau et à MM. les Députés La Chambre et Surcouf toute notre gratitude. Je ne me lasse pas de la redire ; nous leur devons tant qu'il serait impossible, je ne dis pas que nous soyons, mais que nous paraissions ingrats. M. Garreau est absent aujourd'hui, c'est la première fois que je le constate ; à tous nos appels, il a répondu présent... et c'était pour nous donner la main.

Je voudrais avoir l'énergie de langage avec laquelle M. le Maire de Saint-Malo a conclu hier et ponctué notre belle cérémonie. A lui pas n'est besoin de dire : *Continuez !* S'il a fini, en ce qui concerne Jacques Cartier ; s'il a réussi merveilleusement dans cette œuvre qui est sienne, c'est qu'il a le cœur et la poigne d'un Malouin et qu'il ne *lâche* pas quand il *croche*. Il a *halé* ferme et la statue est debout.

Le Comité aussi, messieurs, a dû tirer sur le cordage ; tout le monde s'y est mis ; vous ne trouverez pas mauvais que je remercie des collaborateurs, — ceux qui sont présents et l'absent que nous regrettons, — dont plus que personne j'ai pu apprécier l'infatigable dévouement et la patience et la persévérance et l'énergie.

On dit que les honnêtes femmes n'ont pas d'histoire ; tout honnête qu'elle soit, notre statue a la sienne ; je ne me chargerais pas de l'écrire ; elle serait un peu longue, s'il fallait remonter à nos débuts. A l'heure du succès, au jour de la fête, le Comité a droit à vos remerciements et c'est pourquoi je dois être près de lui votre porte-parole. Que la Société Archéologique, qui va bientôt dire le dernier mot de ces fêtes, me permette de la saluer ici et de la remercier en la personne de son éminent Président.

M. René Brice, Président du Conseil général d'Ille-et-Vilaine, avait bien voulu accepter la présidence de nos fêtes ; je regrette qu'il ait dû repartir dès hier ; je lui aurais redit notre merci ; il y a des choses qu'on aime à répéter.

J'ai remercié notre sculpteur. Lui aussi *continuera* ; il nous donnera d'autres belles œuvres ; si jeune qu'il soit, il a déjà un passé de gloire ; il a ce qui vaut mieux : l'avenir. Que Chapman, le poète Canadien, trouve ici l'expression de notre éloge, auquel j'associe mon ami Brémont qui fut son admirable interprète.

Comment remercier assez Botrel? Les mots n'y suffiraient pas. Le bronze et le granit de la Hollande sont des témoignages de son action et de son succès ; il peut être fier de cette statue ; dans le cuivre français, il a jeté l'alliage de l'argent canadien.

A nos chers Canadiens, merci ; aux absents ; surtout à cette bonne ville de Québec, à son Lieutenant-Gouverneur et à son Maire qui furent éloquents et généreux, dont les paroles et dont les actes sont un témoignage de tous les liens qui nous unissent et que nous voulons resserrer. Merci à tous ceux qui nous ont écrit leurs regrets de n'être pas ici et à tous ceux que j'aperçois, entre autres aux représentants de la noble ville de Montréal. Avec eux, il faut *continuer* et nous *continuerons*. Dites-le à votre grand pays, comme vous savez dire les choses, Monsieur le Ministre. Dites le lui bien, avec cette ampleur de voix et cette chaleur d'âme, dont vous avez témoigné si magnifiquement dans votre admirable discours à la statue. M. le Maire vous a décerné ce beau titre : citoyen de Saint-Malo. Le cri de toute une ville vous le donne. Vous êtes de *chez nous*, désormais. Mieux, vous êtes *chez vous*, car vous nous avez conquis. Nous nous reverrons ; vous nous reviendrez, comme dit la chanson, *si la ville vous plaît*, autant que vous avez su lui plaire.

M. le Commissaire Général du Canada a tant de bonne grâce, je m'en suis aperçu ; il a tant d'esprit, vous l'avez constaté hier, qu'il mérite parfaitement d'être appelé le modèle des Canadiens-Français ; il a les dons des deux races. Je ne sais pas s'il est du Midi ou du Nord, au Canada ; je crois bien qu'on doit le revendiquer de tous les orients, puisque, partout où on a besoin de lui, on le trouve toujours bienveillant et toujours spirituel.

Messieurs les officiers, vous êtes de ceux qui n'aiment pas les phrases. Il faut pourtant que je *continue*. Il faut que je remercie l'autorité militaire — que M. le général Méert veuille bien être mon interprète — pour tout l'appui que nous avons trouvé dans l'armée au cours de ces fêtes. M. le commandant Reige a droit à nos remerciements ; à la Hollande, nous étions sur son terrain ; nous ne l'y avons rencontré que pour faciliter notre tâche. Je ne saurais dire toute ma gratitude envers M. le colonel de Laporte ; il a rendu charmants et faciles les concours que nous demandions à l'armée et qui nous ont été courtoisement et largement accordés.

Amiral, M. le Maire vous souhaitait hier la bienvenue ; mon rôle, aujourd'hui, est moins agréable, puisque ce sont des adieux que je dois exprimer. Adieu, non, mais au revoir, à quelque belle fête encore, où le Gouvernement voudra bien que l'escadre participe. Nous avons été bien indiscrets ; nos invitations, à vous et à vos officiers, se sont multipliées ; elles vous ont trouvés toujours prêts à *continuer*. Nous devons à Jacques Cartier le grand honneur de la présence d'une division de l'escadre dans les eaux de Saint-Malo ; nous vous devons, et nous ne l'oublierons pas, amiral, pour une grande part, l'éclat qui a fait ces fêtes inoubliables. Désormais, vous avez une unité de plus dans votre division ; elle s'appelle *La Grande Hermine*; portez-y votre pavillon, amiral ; les Malouins vous en supplient.

Messieurs, les oublis sont faciles. Excusez-moi, si j'ai oublié, en paroles, de constater et de remercier quelques-uns des nombreux concours qui nous furent accordés. M. Houitte de la Chesnais, vice-président de notre Comité, va *continuer* à vous dire toute notre reconnaissance, et sans doute il ne pourra pas la dire toute ; le temps ne le lui permettrait pas.

Un mot encore. Ces fêtes de Jacques Cartier seront inoubliables, on l'a dit. Elles ont noué des liens solides de sympathie, affirmé des solidarités dans l'honneur, des communautés d'origine et de sentiments, attesté que, dans certains pays et dans certaines villes, on est toujours sûr de s'entendre, quand on fait appel à ce qu'il y a de plus noble dans l'âme humaine : le respect des noms illustres, la reconnaissance envers de grandes mémoires, l'amour de la patrie et le culte de la gloire.

Avant de me rasseoir, j'avais tenu à lever mon verre en l'honneur des dames Canadiennes présentes au banquet, spécialement de Mlle Hortense Cartier, qui a participé si gracieusement à nos fêtes, et aussi de Mme Th. Botrel, la « douce » de notre ami.

J'avais aussi donné lecture du télégramme qui venait de m'être remis et auquel, télégraphiquement, j'avais répondu sur l'heure.

DÉPÊCHE DU MAIRE DE QUÉBEC

Mons. Louis Tiercelin, Kerazur, Paramé.

Québec, cité de Champlain, envoie à Saint-Malo, cité de Jacques Cartier, salut fraternel ; souhaite succès et crie avec vous : Vive la France, commune patrie de nos aïeux. S. N. PARENT, Maire de Québec, Canada.

Et lecture aussi de la lettre de Sir L. A. Jetté, Lieutenant-Gouverneur de Québec, que Botrel m'avait communiquée.

M. A. Houitte de la Chesnais, le dévoué vice-président du Comité, se levait alors et s'exprimait en ces termes.

TOAST DE M. A. HOUITTE DE LA CHESNAIS

Je suis chargé de remercier, au nom du Comité, ceux d'entre vous, Messieurs, qui l'ont si bien secondé dans ces jours de fêtes. Il m'est particulièrement agréable de le faire, car plusieurs d'entre vous étaient devenus nos collègues dans nos dernières séances.

Mais il est difficile d'exprimer ce que nous devons à de pareils collaborateurs. Comment remercier M. Bénard ? Sans s'émouvoir jamais devant les difficultés, le distingué architecte de la ville a su, en quelques semaines, transformer un fort en une superbe esplanade, en attendant qu'il y fasse surgir un jardin. Grâce à lui, aussi, la place Chateaubriand était hier plus brillante que jamais.

Mais pour animer ces beaux décors, il fallait autre chose encore. La « Marche de l'Inauguration » ne s'arrêtera pas à Saint-Malo, mais elle restera un des beaux souvenirs de nos fêtes. Non content d'être un habile compositeur, M. July a voulu montrer ce qu'il valait comme chef d'orchestre. Il est vrai qu'il dirigeait des musiciens de la valeur de ceux de la Société Philharmonique, du Casino Municipal, sans oublier ses vaillants du 47e qui, tous, méritaient un pareil chef.

Rien n'a manqué à l'éclat de cette journée du 23 janvier, si brillamment terminée par cette splendide soirée de gala que notre Président avait su organiser avec des concours comme ceux de MM. Botrel, Giannini, Brémont, Mercier ; c'est tout dire ! C'était le succès assuré. M. Bernardin doit être fier de cette soirée qui inaugure bien sa direction à Saint-Malo !

Nos sociétés musicales des deux villes ont aussi prodigué leur dévouement.

L'une, celle de Saint-Servan, portait bien l'empreinte de l'habile direction de M. Bossuet.

L'autre, celle de Saint-Malo, née d'hier, mais qui déjà nous fait voir qu'elle suivra les glorieuses traditions d'il y a vingt ans, et nous montre ce que peut de la bonne volonté, du travail, avec des directeurs actifs et énergiques, et un chef comme M. Flamant.

Grâce à M. Maudet, notre société malouine pouvait faire bonne figure hier à côté de ses émules de Rennes, dont le zèle de M. Lebreton nous avait valu le concours.

Le dévoué Président du Comité des fêtes ne nous a pas, en effet, ménagé son utile collaboration.

Mais il est un concours qui ne nous a jamais manqué ; toujours actif, éclairé, dévoué dès le début de notre œuvre, concours qui nous en a valu bien d'autres, c'est le concours de la Presse. Si ceux qui la représentent ici n'étaient pas des collègues, mêlés à tous nos efforts, je serais moins embarrassé pour les remercier. Dans ce comité, où tous n'avaient qu'une même pensée, ils ont marché sans préoccupation étrangère d'aucune sorte, comme des frères d'armes, la main dans la main, et leur part de l'honneur du succès n'est pas la moindre, c'est un devoir de le dire.

Je voudrais remercier chacun, car nous avons trouvé tant de bonnes volontés ; mais je n'ose pas insister, car le sentiment qui vous animait tous, Messieurs, était trop désintéressé, trop au-dessus des simples éloges.

Vous avez bien compris la portée de l'hommage rendu par tous à l'un des plus illustres enfants de notre cité, à un grand Patriote. Jacques Cartier était de ceux-là qui ne trouvent jamais la Patrie trop grande ; il aurait voulu que le soleil ne se couchât jamais, non plus, sur les terres de France ! Beau rêve, dira-t-on ? mais on les aime ces rêveurs là ; nous les aimons tous.

C'est ce sentiment qui nous a tous guidés ; c'est le sentiment de la Patrie, qui nous relie encore aujourd'hui à nos frères de la Nouvelle-France, et qui suscite tous nos dévouements, tous les sacrifices.

Vous l'avez bien partagé, Messieurs ! Je suis heureux de le dire en levant mon verre en votre honneur.

L'autre Vice-Président, M. Edmond Saint-Mleux, se taisait et s'effaçait. Qu'il me permette de le remercier ici pour l'appui qu'il ne nous a pas ménagé. Le samedi, nous étions allés à la gare au devant de MM. le Ministre des Terres de la Province de Québec, le Commissaire général du Canada à Paris, Ethier, Bauset, et des autres Canadiens que nous voulions saluer à leur arrivée. Nous conduisions nos invités à l'Hôtel Franklin et à l'Hôtel de France. Pendant les jours qui ont suivi et jusqu'au moment du départ, M. Edmond Saint-Mleux s'est fait, avec une bonne grâce parfaite, le *cicerone* de nos amis Canadiens. Nul mieux que lui ne pouvait faire à de tels hôtes les honneurs de sa ville natale.

C'est M. Ethier, à présent, le distingué « aviseur légal » de la Ville de Montréal, qui « toaste » en l'honneur de la noble Armorique. Mieux qu'un toast, ce fut un véritable discours.

DISCOURS DE M. L.-J. ETHIER

Mesdames,
Monsieur le Président,
Messieurs,

Appelé au dernier moment à représenter, à cette fête internationale, la plus grande cité de langue française du Nouveau-Monde, je me sens vivement ému par les difficultés d'une tâche aussi délicate et par les responsabilités, également remplies d'honneur et de périls, dont la municipalité de Montréal a chargé mes épaules, conjointement avec mon compagnon M. René Bauset, un des greffiers de la Cité.

Je veux vous dire les grandeurs de Montréal, désigné par Jacques Cartier comme l'emplacement de la colonie projetée par François Ier. Je veux vous dire la chaleur de nos sympathies à l'égard des populations françaises, qui nous accueillent si cordialement, et l'assurance de notre admiration la plus complète pour cette œuvre dont le souvenir ne s'effacera jamais de la mémoire de deux peuples qui n'en font qu'un par le cœur.

Je ne puis m'empêcher de vous exprimer le regret profond qu'éprouvent nos compatriotes de ne pouvoir participer en personne, comme ils le font d'esprit, à cette touchante et grandiose démonstration.

Montréal groupe, au pied du Mont-Royal, ses 350.000 habitants, *gallophones* au nombre de 2/3, *anglophones* au nombre de 1/3.

Jacques Cartier, parti d'Hochelaga, fut le premier européen qui gravit le sommet du Mont-Royal et il nous donne la description suivante de la future Métropole et du pays qui l'entoure :

« Fûmes conduits par plusieurs hommes et femmes (sauvages) sur la montagne devant dicte, qui est par nous dénommée *Mont-Royal*, distante dudit lieu d'Hochelaga d'un quart de lieue. Et nous, étant sur ladite montagne, nous eûmes vue et connaissance de plus de 30 lieues à l'environ d'icelle, dont il y a, vers le nord, une rangée de montagnes, qui sont Est et Ouest gisantes, et autant vers le Sud, entre lesquelles montagnes est la terre la plus belle qu'il soit possible de voir, labourable, unye et plaine ».

Et Cartier resta convaincu, dit un biographe, que ce lieu était plus propice que tout autre à la fondation de cet établissement, et il fit rapport, en ce sens, à son roi : « Toute la terre des deux côtés du fleuve et oultre, dit-il encore, est aussi belle terre et unye que jamais homme regarda ».

Cartier, comme d'autres explorateurs fameux, cherchait à découvrir par le Saint-Laurent le passage de la Chine ; et il était, dit Avezac, à la recherche, par une voie plus courte, de ces îles des épices, objet de tant de convoitises rivales.

Cartier avait donc vu juste, en désignant le pied du Mont-Royal comme le plus propice à l'établissement royal ; et il ne se trompait pas, en cherchant de ce côté la voie de l'Extrême-Orient, des Indes et du Céleste Empire, par le fleuve Saint-Laurent, qui « va si long » dit-il, s'en rapportant aux sauvages, « que jamais homme n'avait été au bout, qu'il eussent ouï, et qu'aucun passage n'y avait que par bateau ».

Montréal est bien *l'établissement* en vue que Jacques Cartier désignait, et ce grand fleuve si long conduira par bateau jusqu'au fond des grands lacs, où d'autres Français atteindront les Rocheuses et la Mer Pacifique, et le chemin du Levant est tracé. La voie du Pacifique canadien, avec sa station terminale et la concentration de ses principales énergies à Montréal, nous y mènera et par chemins de fer et par bateaux, qui ne sont pas, vous le confesserai-je, les pirogues ou les canots d'écorce de bouleau des pauvres éclaireurs, qui montraient la route au navigateur de Saint-Malo.

Jacques Cartier était un grand navigateur, un de ceux qui ont illustré le plus, et la France, et l'humanité. « Un tel héros, a dit le biographe Manet, suffirait seul pour illustrer toute une nation ». Il naquit la même année que Christophe Colomb, et les meilleurs juges du cœur, de l'intelligence humaine, du génie bienfaisant, le placent à côté du découvreur du Nouveau-Monde, de Vasco de Gama, de Vespuce, de Cabral, de Cortez et de Magellan.

Il prit possession pour son roi, pour son pays, pour son empire, d'une terre « la plus belle que jamais homme regarda ».

Il appartient à cette lignée d'élite parmi les hommes, qui unissent la hardiesse des conceptions à la sagesse et au sang-froid de l'exécution : il fut navigateur illustre, sans doute, mais aussi fondateur de peuples, et, seuls, les événements qui se passèrent en Europe, sous Charles-Quint et François Ier, durent faire ajourner les vastes projets de l'illustre malouin dont nous célébrons la mémoire.

Citoyens de Saint-Malo, le nom de votre cité, est l'un des plus répandus parmi les 3.000.000 de Français-Canadiens qui ont appris à chanter votre beau port de mer et votre rocher. Je vous salue au nom de Montréal, la métropole du Canada ; au nom d'un pays de 6.000.000 d'habitants; l'ancienne bourgade d'Hochelaga devenue la première ville de la nation canadienne par son commerce et son industrie, siège d'un archevêché, de deux universités, Mc Gill, l'une des plus riches du monde, Laval, le foyer d'un patriotisme ardent et éclairé et l'*Alma Mater* des générations qui auront la garde de l'héritage national. Je vous salue au nom de Montréal, premier point convergent de la navigation transatlantique, des grands lacs, de l'Ottawa et du lac Champlain par la rivière Richelieu. Je vous salue au nom de la cité des deux transcontinentaux, les chemins de fer du Pacifique et le Grand Tronc, mais je vous salue surtout au nom de la cité de la paix et de la concorde. *Concordia salus.* C'est notre devise, qui, plus que les efforts du progrès matériel, a pénétré l'âme de nos citoyens.

Tour à tour administré par des maires de langue française et de langue anglaise, Montréal n'a pas menti à sa devise : *Concordia salus !*

C'est en effet, à la confiance réciproque qui règne entre tous ses concitoyens de diverses races, que notre fière et ambitieuse cité est redevable de ses progrès et de son rapide développement.

Du sommet du Mont-Royal, Jacques Cartier avait bien reconnu la fertilité des terres environnantes qui font sa prospérité actuelle et sa situation géographique exceptionnelle, à la tête de la navigation maritime, qui assure à Montréal un avenir bien plus considérable encore.

Peuplée, dès le commencement du dernier siècle, d'Anglais et de Français, en nombre à peu près égal, Montréal a donné l'exemple de la paix sociale et de la tolérance. Il y a déjà longtemps que les deux grands peuples, où se sont fondus les passés lointains de la civilisation des Francs, — les Celtes, les Saxons, les Scandinaves, les Norvégiens ou les Normands — pouvaient vivre en France, se développer autour d'idées et d'entreprises communes, et, M. le Président, je le dis avec une légitime fierté, Montréal a pratiqué, depuis plus de 50 ans, cette *entente cordiale* que la France et l'Angleterre, après leurs gouvernements, viennent de cimenter dans le port de Brest par les fêtes fraternelles des deux plus puissantes flottes du monde.

Le cœur, et aussi le sens commun et la réflexion, nous ont unis dans la pensée et dans l'action, avant que le protocole de la diplomatie n'ait arrêté les termes d'une convention entre les représentants des deux races. Et que les maires de la ville de Montréal se soient nommés Mc Gill, Abbott ou Rodier, Fabre, le père de notre éminent commissaire en France, Beaudry ou Laporte, le progrès, la supériorité de Montréal, le triomphe de l'intérêt commun ont toujours été le mobile principal de nos populations.

Le Canadien-Français n'a qu'à se féliciter de la générosité de la couronne britannique, qui lui a sauvegardé son caractère national, sa langue et sa croyance religieuse. Sa loyauté pour sa patrie d'adoption n'a jamais été mise en doute, mais son amour pour la France, le pays de ses aïeux, ne périra jamais.

Mais je me hâte, et je crains d'avoir abusé déjà de votre patience: Montréal vient fraterniser avec la vieille Armorique, avec la Picardie, avec la Normandie, les anciennes provinces des côtes atlantiques, avec toute la France d'Europe et d'Amérique, qui donne à Jacques Cartier un monument de reconnaissance et d'admiration. A cet illustre enfant de Saint-Malo, Montréal voudra un jour rendre un pareil tribut d'hommage, car il a été le premier et le plus grand de ses habitants.

Son nom est écrit partout dans notre ville. Nos rues, nos squares, nos manufactures, nos circonscriptions électorales, notre école normale le portent avec orgueil et le burinent dans le cœur de nos petits enfants, plus affectueusement que ne le ferait le plus somptueux des monuments. Nous le vénérons pour la grandeur de son œuvre et le double cachet de patriotisme et de religion dont il l'a marquée est resté comme le secret de notre force nationale. Œuvre à jamais admirable de Cartier, faite d'abnégation, de dévouement au roi, à la France, quelles racines profondes tu as enfoncées dans la « terre la plus belle que l'homme regarda » et, comme cet arbre canadien, sorti d'un grain de sénevé, étendant ses rameaux par dessus les grands lacs, au bout de ce long fleuve dont « l'homme n'a vu le bout », par dessus les Rocheuses, presque au Pacifique, au-dessus de nos immenses forêts, de par la vieille Acadie remise peu à peu de ses terribles dispersions, au-dessus des plaines de l'Ouest, bientôt nourricières du genre humain, combien tu évoques, dans notre esprit de Français, de concitoyens de Saint-Malo, de doux et bons souvenirs, de grands et bénis devoirs et emplis notre cœur d'une brûlante envie de partager vos gloires, comme nous partageons les largesses de votre hospitalité, et les vaillances de vos cœurs dans les luttes de votre vie quotidienne.

Vieille Armorique, qui as donné en patrie la Neustrie aux Normands; vous, Normands, Bretons, Picards, Poitevins, citoyens du Perche et de la Saintonge qui nous a donné Champlain, nous nous unissons à vous dans un sentiment commun d'admiration pour les ancêtres, qui ont jeté la première semence dans la terre de la nouvelle France ; elle a germé, cette semence, et rien ne pourra, quoi que l'on dise, quoi que l'on craigne, déraciner le puissant arbre qui abrite tant de bonheur intime, tant de vitalité familiale, tant d'effervescence patriotique maintenue par l'idéal, qui a fait les grands peuples, c'est-à-dire la foi à Dieu, le respect à la Loi.

Il était de bonne terre et de race pure, issu du meilleur sang d'Armorique et de France, ce Cartier que nous honorons ensemble, et c'était le fils de cette vieille cité bretonne, dont la gloire ne fut par aucune surpassée.

Evoquons ensemble les héroïsmes divers et les grands gestes des villes sœurs, de Rouen, de Honfleur et de Dieppe, de Caen, de Rennes et de Saint-Malo ; de Québec et de Montréal, d'Ottawa et de Winnipeg, qui doivent leur existence à la prévision, aux labeurs et aux conceptions de l'esprit franco-celtique et saxon.

Jacques Cartier, en son vivant, « capitaine et grand pilote de mer, anobli plus tard par François Ier, sous le nom de seigneur de Limoilou », était de ces Malouins, dont Henri IV a dit, en s'adressant à la reine Elisabeth, qu'ils « étaient les entremetteurs de la plus légitime, franche et loyale navigation, qui peut être désirée ». Précurseur d'un Mahé de la Bourdonnais, originaire aussi de Saint-Malo, qui fonda les îles de France et de Bourbon, ce sont de ses concitoyens encore qui donnent naissance à Sumatra, Calicut et Pondichéry. Ce furent aussi des Malouins qui promenaient glorieusement le nom de votre ville et de notre vieille mère-patrie par toutes les mers, par toutes les terres, les Duguay-Trouin, les Surcouf, pendant que, dans les luttes pacifiques, mais non moins glorieuses des arts de la paix, les Thévenard, les Moreau de Maupertuis, les Chateaubriand et les Lamennais jetaient, sur votre vieille Cité, un lustre qui brille dans le monde d'un incomparable éclat.

Associez-nous à votre gloire, Messieurs, comme nous nous associons à la France dans l'admiration de son art, de son esprit généreux, dans le sentiment commun de ses espoirs et de ses préoccupations.

Je lève mon verre à la vieille Armorique, la plus vivace individualité provinciale de la France, à l'ancienne Neustrie, donnée à Rollon, à ses Normands répandus de par le monde qu'ils francisent, à Saint-Malo, l'héroïque Cité, dont les guerriers suivaient l'oriflamme de Saint-Louis aux croisades, dont les marins découvrirent Terre-Neuve avec les Dieppois et les Biscayens, qui prenaient part à l'expédition de Naples, se battaient en Afrique sous les généraux de Charles-Quint, et à Tunis, avec quelques navires, ruinaient trente-quatre vaisseaux aux renégats de cette piraterie ; à Saint-Malo, la patrie de Jacques Cartier, de la Bourdonnais, de Duguay-Trouin, de Chateaubriand ; à Jacques Cartier lui-même, le découvreur du Canada et qui fut aussi le voyant des hautes destinées de la Cité de Montréal.

Ces nobles paroles sont énergiquement applaudies. Elles devaient trouver un écho dans une des villes les plus vivaces « de la plus vivace individualité provinciale ».

M. Bauset lit ensuite, en faisant précéder cette lecture de

quelques paroles pleines d'à-propos, la délibération prise par la ville de Montréal, dont il est l'un des greffiers.

DISCOURS DE M. R. BAUSET

Monsieur le Président, Monsieur le Maire,
Mesdames et Messieurs,

Comme mon collègue vous l'a laissé entendre, ma mission à Saint-Malo n'est pas de vous faire un long discours.

Vous me permettrez, cependant, de vous faire remarquer que notre Conseil Municipal, qui représente une ville de 350.000 habitants, est composé de citoyens d'origine française et anglaise et que c'est à l'unanimité des voix que l'on a décidé de nous envoyer, M. Ethier et moi; accomplir cette agréable mission auprès de vous.

C'est que, voyez-vous, on aime la France si sincèrement sur les bords du Saint-Laurent, que l'immense océan que nous venons de franchir ne pourra jamais effacer nos sentiments de vénération et d'affection.

C'est donc avec la plus vive satisfaction, qu'au nom du Conseil Municipal de Montréal, j'ai l'honneur, Monsieur le Président, de vous remettre cette résolution, dont vous allez me permettre de vous faire la lecture :

« *Extrait des délibérations du Conseil Municipal de Montréal; assemblée mensuelle tenue le 10e jour de juillet 1905 :*

« *Résolu que M. René Bauset, l'un des greffiers de la Cité, M. L. J. Ethier, l'aviseur légal de la Cité, soient chargés d'aller à Saint-Malo pour représenter la ville de Montréal, à l'occasion du dévoilement du monument Jacques Cartier, et d'exprimer les sentiments de reconnaissance du Conseil Municipal et ceux de tous les habitants de la Métropole du Canada envers les citoyens de Saint-Malo et de la France qui ont déployé tant d'énergie et de zèle pour perpétuer la mémoire du vaillant découvreur du Canada.* »

(Copie conforme)

Le Maire de Montréal :
Signé : N. LAPORTE.

Les délégués de la ville de Montréal sont salués d'unanimes acclamations.

M. le Maire se lève à son tour :

TOAST DE M. CH. JOUANJAN

Messieurs,

L'adresse que vient de lire M. René Bauset, délégué de la ville de Montréal, est une nouvelle preuve des sentiments intimes que les populations du Canada ont conservés pour la ville de Saint-Malo, berceau de Jacques Cartier, et nous ne pouvons mieux y répondre qu'en le priant, ainsi que M. Ethier, son collègue, de dire à ceux qui ne nous ont jamais oubliés que les Malouins éprouvent, de leur côté, pour leurs frères germains du Canada, les mêmes sentiments d'affectueuse sympathie.

Comme il présageait bien ce que nous éprouvons depuis deux jours, votre poète Chapman, en écrivant ces vers que M. Brémont déclamait hier avec tant de talent :

Oui, loin de vous, bien loin, j'assiste à votre fête ;
J'entends, tremblant d'émoi, vos longs cris triomphants.

Jamais, en effet, je n'ai vu Saint-Malo si pavoisé, si enthousiaste, avec de la joie dans tous les yeux, avec des sourires sur tous les visages : ce sera pour nous un souvenir inoubliable.

D'autres aussi ne veulent pas qu'on les oublie ; je reçois le télégramme suivant de M. Herbette :

« *C'est une joie que je me donne en vous adressant, pour vous et la Municipalité de Saint-Malo, pour les organisateurs des fêtes, pour nos concitoyens Malouins, l'expression des sentiments et des vœux bien sincères d'un vieil ami des Canadiens français qui se considère depuis longtemps comme à demi Breton.* »

L. Herbette.

C'est en effet aux organisateurs de cette belle fête que nous devons en reporter tout le succès, et particulièrement à vous, mon cher Président, l'organisateur par excellence, qui avez trouvé le moyen de dépasser encore l'éclat que vous aviez su donner à la célébration du Cinquantenaire des funérailles de Chateaubriand, à vous qui avez groupé tous les dévouements, sollicité avec tant de patience tous les concours et imprimé à cette manifestation de toute une foule le caractère vraiment patriotique et imposant qu'elle a revêtu.

Messieurs,

Je vous ai souhaité hier la bienvenue ; aujourd'hui je lève mon verre à la santé de tous ceux qui ont contribué à rendre plus vivace et plus durable encore le souvenir de notre ancêtre commun Jacques Cartier.

C'est ensuite l'Honorable A. Turgeon qui dit, en termes heureux, sa grande émotion de Canadien :

TOAST DE L'HONORABLE A. TURGEON

Je ne sais comment exprimer l'émotion patriotique qui, depuis deux jours, gonfle ma poitrine de Canadien.

Venu une première fois en France en 1898, ce voyage avait en quelque sorte parfumé et embelli mon existence, mais je constate aujourd'hui, je l'ai constaté hier, il y a quelque chose de plus doux que de voir la France : c'est de la revoir. Et on la revoit en se sentant pénétré par le charme exquis, la grâce légère, la chaude sympathie qui se dégagent de toutes choses. Je me souviens de la parole d'un de nos grands orateurs sacrés, empruntant, dans une occasion solennelle, cette louange du Psalmiste : *Non fecit taliter omni nationi.* Non, Dieu n'a pas ainsi fait pour tous les peuples ; la France est unique, la France est incomparable.

Nous, Canadiens, nous aimons la France comme on aime sa mère, naturellement et sans effort, car l'air que nous respirons, les récits du foyer, les enseignements de l'école nous entrent dans la cervelle et dans les veines et nous créent une mentalité qu'aucun assaut ne peut affaiblir, aucun événement altérer et, sans que nous le voulions et même que nous le sachions, des siècles d'atavisme ont mis sur nos âmes leur ineffaçable empreinte.

Si nous aimons la France, de retour dans mon pays, je pourrai dire combien en France on aime le Canada et je ferai part à mes concitoyens des inoubliables grandes fêtes de Jacques Cartier.

Inutile de dire les applaudissements frénétiques qu'ont soulevés ces paroles.

M. François Bazin, directeur du *Salut*, avait bien voulu se charger du toast à la presse. Il l'a porté aimablement comme suit :

TOAST DE M. F. BAZIN

Il y a quelques mois, à Montréal, dans une réception charmante que le cher et généreux barde breton Botrel et sa charmante femme, que je soupçonne d'être un peu sa Muse, faisaient aux journalistes canadiens, ceux-ci, avec cette chaleur qui est la caractéristique de l'âme canadienne, portèrent la santé de la presse française, et particulièrement de la presse malouine.

Celle-ci veut profiter de l'occasion que lui offrent les fêtes de Jacques Cartier pour renvoyer à la presse canadienne son cordial salut.

Dites, Messieurs les Canadiens, dites à nos cousins, les journalistes vos frères, que, de ce côté de l'Océan, il y a des écrivains, interprètes de l'opinion publique, dont les cœurs battent à l'unisson pour nos gloires communes, et en particulier pour Jacques Cartier.

Remerciez-les pour nous du concours enthousiaste qu'ils ont donné aux deux chers pèlerins de Jacques Cartier au Canada, pour le succès de leur généreuse et patriotique pensée ; portez enfin à nos confrères de la Nouvelle France le salut chaleureux et reconnaissant de leurs aînés de la vieille France, notre commune maman.

Messieurs, je propose d'unir dans un même toast la presse canadienne et les deux chers compatriotes qui furent entre elle et nous un trait d'union si sympathique : au barde et à Mme Théodore Botrel.

C'est maintenant l'Honorable Hector Fabre qui, de nouveau sollicité, a trouvé, de nouveau, des paroles aimables et spirituelles.

TOAST DE L'HONORABLE H. FABRE

Vous voulez bien me demander d'ajouter quelques mots à ce que je vous disais hier. Je suis heureux de profiter de la nouvelle occasion que vous m'offrez ainsi de remercier, d'accord avec les deux représentants de la ville de Montréal et avec le Maire de Québec, le Maire et les Conseillers municipaux de Saint-Malo, de la part qu'ils ont prise aux honneurs rendus à Jacques Cartier. Lequel d'entre nous n'a pas songé un jour à être Conseiller municipal, — je ne dis pas de Montréal, Québec, ou de Saint-Malo. — On commence par le Conseil municipal, et on s'arrête, en passant, à la Chambre, pour finir au Sénat : c'est un chemin que plusieurs d'entre nous, vous suivrez, un jour ou l'autre ; mais dans notre souvenir, vous resterez toujours le Maire et les Conseillers municipaux qui ont salué avec une si parfaite bonne grâce la présence des délégués canadiens à l'inauguration du monument érigé en l'honneur du grand découvreur du Canada. Tous, nous nous en retournerons avec cette double image au cœur : Saint-Malo, Jacques Cartier. Et Jacques Cartier nous apparaîtra toujours dans cette attitude que le sculpteur, Georges

Bareau, a su lui donner, d'un si admirable mouvement qui semble emporter le hardi marin vers de nouvelles découvertes, vers de nouvelles conquêtes pacifiques, comme le Canada tout entier.

A l'hommage rendu à Botrel, au nom des Canadiens que, dans leur tournée au Canada, elle a charmé par sa bonne grâce et son art, je voudrais joindre un compliment à Mme Botrel ; un compliment qui est plus qu'un souvenir, une invite à revenir sur les bords du Saint-Laurent.

Ancien journaliste, il m'est particulièrement agréable de remercier M. Bazin du bien qu'il vient de dire de la presse canadienne. Elle y sera sensible ; en traversant les mers, l'éloge acquiert double prix ; le suffrage d'un confrère prend l'aspect d'un propos délibéré en commun par toute la presse. Nous avons traversé des temps arides, l'époque où, à l'exemple de nos chefs politiques, nous combattions pour une idée ; nous le faisons encore à l'occasion ; mais, d'autre part, nos grands journaux sont entrés dans la période des multiples informations et de la circulation nombreuse.

Un dernier mot, et plus grave. Sous les badinages légers auxquels vous avez fait bon accueil, comme sous les paroles éloquentes que vous avez applaudies, demeure, soyez-en persuadés, Messieurs, et sans qu'on puisse songer à revenir sur les choses accomplies, le regret de vous avoir perdus, le regret que vous nous ayez perdus !...

Comme en Bretagne, nous avions choqué nos verres pour « trinquer à la bonne franquette ». Comme en Bretagne aussi, le déjeuner a fini par des chansons. M. Xavier Mercier, M. et Mme Th. Botrel, M. Ludger Gravel nous charmèrent tour à tour.

C'est entre deux chansons, bretonne et canadienne, que M. Pointel, l'incomparable trésorier de notre Comité, se souvenant qu'il était aussi adjoint au Maire, se leva pour proposer que le Conseil Municipal se réunît, séance tenante, « pour envoyer l'expression de ses sentiments fraternels à la ville de Montréal ».

Il était trois heures. Pendant que les voitures s'approchaient du péristyle, les membres du Conseil Municipal se réunissaient dans la salle des séances et une délibération était aussitôt inscrite au registre, réalisant le vœu sympathique émis par M. Pointel. Tous les convives présents la signaient avec empressement, à côté des membres du Conseil.

Puis, ce fut le départ pour Paramé.

Dans la première voiture, prenaient place l'amiral Leygue, le Ministre du Canada, l'Honorable Hector Fabre et M. le député La Chambre, qui allait nous conduire à ce pèlerinage au manoir de Jacques Cartier.

Dans la seconde, montaient aussitôt M. le général Méert, M. le Sous-Préfet, M. le Maire et le Président du Comité.

Landaus, omnibus, breaks se remplissaient et se formaient en cortège. Et la ravissante promenade commença.

A LA MAIRIE DE PARAMÉ

Il était trois heures et demie quand nous arrivions au bourg, salués par la sonnerie des cloches de l'église. Il faut remercier M. le Curé de cette attention délicate, qui nous accueillera pareillement à Saint-Ideuc et à Rothéneuf. Que les recteurs de ces jolis bourgs en soient de même remerciés.

La musique du 47e nous annonce joyeusement.

Sur la place de la Mairie, une foule compacte se pressait. Deux mille personnes, dit *Le Salut*. Et il ajoute :

> La Mairie de Paramé, toute pavoisée, avait décoré son entrée de draperies tricolores, de verdure et de fleurs. Sur le seuil, le Maire, M. William Rouxin, et une quinzaine de membres de son Conseil Municipal attendaient. Ce ne fut pas sans une pointe d'orgueil, sans doute, qu'ayant introduit le Comité, les Canadiens et les invités malouins à l'Hôtel-de-Ville, M. Rouxin put leur présenter, dans la belle salle des délibérations du Conseil Municipal, le portrait de Jacques Cartier, peint par notre sympathique compatriote, M. Auguste Lemoine.

C'est devant ce portrait que se forme l'auditoire pour entendre M. La Chambre, qui présente à M. le Maire et au

Conseil Municipal de Paramé le Comité de la statué, les Membres de la Société Archéologique et les délégués Canadiens.

DISCOURS DE M. C. LA CHAMBRE

Monsieur le Maire,

Messieurs les membres du Conseil Municipal,

Comme représentant de la première circonscription de l'arrondissement de Saint-Malo, j'ai le grand honneur d'être auprès de la Municipalité de Paramé l'interprète du désir qu'ont bien voulu manifester l'Honorable M. Turgeon, Ministre des Terres de la province de Québec, et Messieurs les Membres de la Délégation Canadienne, de visiter les lieux historiques où s'est déroulée toute une partie de la vie de Jacques Cartier.

Nos hôtes distingués n'ont pas hésité à franchir l'Atlantique pour venir honorer nos fêtes de leur présence, et pour apporter un précieux tribut de reconnaissance au grand ancêtre dont nous célébrons la mémoire.

En effet, si nous avons qualité pour glorifier l'œuvre de notre illustre compatriote, ne sont-ils pas autorisés comme nous à rendre hommage au Découvreur du Canada, au fondateur de cette contrée que leur longue suite d'efforts est parvenue à rendre l'une des plus florissantes du continent américain ?

Vous savez déjà avec quelle merveilleuse éloquence, avec quelle rare élévation de sentiments, ils se sont acquittés de leur noble mission.

Ils sont entourés des hauts représentants de la Marine et de l'Armée, que nos populations patriotes sont heureuses de voir prendre part si complètement à nos fêtes, et qui ont tenu à honneur de venir célébrer avec nous l'une des gloires les plus pures de notre pays.

Ils sont accompagnés aussi dans leur pèlerinage par le distingué Président et les membres de la Société Historique et Archéologique de l'arrondissement de Saint-Malo.

Bien que comptant peu d'années d'existence, cette Compagnie a déjà su montrer en mainte occasion combien elle se préoccupait de conserver les souvenirs du passé dans ce pays du Clos-Poulet, où chaque pierre a pour ainsi dire son histoire.

Jamais mieux l'intérêt de ses recherches ne nous était apparu que dans cette circonstance, où tant de détails concernant la vie du grand ancêtre sont malheureusement perdus pour nous. Les actions d'éclat nous sont trasmises par l'histoire, mais combien nous aimerions à connaître le Jacques Cartier intime !

Aussi les trop rares vestiges qui nous parlent de lui possèdent-ils, à nos yeux, un prix infini.

C'est ainsi qu'en 1843, grâce au don précieux de la Société Littéraire et Scientifique de Québec, émule de la vôtre, le musée de Saint-Malo a eu l'heureux sort de s'enrichir des restes glorieux de la *Petite Hermine*, retrouvés dans la baie de Sainte-Croix. Par un singulier contraste, il a été ainsi conservé trace du bateau abandonné par Jacques Cartier sur cette côte de tribus sauvages, alors qu'ont disparu, au contraire, en entier, les deux autres navires qui l'avaient ramené triomphalement avec ses compagnons dans notre port.

Détruite aussi, la maison que Jacques Cartier habita dans sa ville natale ; indéterminé également, le lieu où reposent ses cendres.

Mais, du moins, le manoir de Limoilou et des Portes-Cartier, sa résidence de campagne, reste encore debout. La jolie commune de Paramé, née sous une heureuse étoile, a eu, entre tant d'autres, la bonne fortune de le conserver intact.

Fière, à juste titre, d'en faire aujourd'hui les honneurs à ses insignes visiteurs, elle a revêtu sa plus belle parure, s'efforçant ainsi d'égaler la proverbiale hospitalité canadienne.

Après avoir exploré les rives majestueuses du Saint-Laurent, découvert les paysages grandioses du Canada, c'est ce coin de terre privilégié que le grand navigateur a choisi pour y établir sa demeure ; c'est là qu'à la suite de ses exploits renouvelés, il est revenu, comme le Cincinnatus de l'antiquité, à son champ et à sa charrue !

Le président et les membres du Comité du monument Jacques Cartier, ici présents, qui ont préparé ces fêtes avec un zèle et un dévouement au-dessus de tout éloge, ont pensé avec raison trouver là le digne couronnement de la cérémonie d'hier. Mieux que partout ailleurs, dans cette souriante retraite des Portes-Cartier, nos hôtes distingués sentiront vibrer l'âme du commun ancêtre ; et en scellant tout à l'heure la plaque commémorative sur la demeure du héros, nous scellerons à nouveau le pacte d'entente cordiale qui n'a jamais cessé d'unir étroitement les Canadiens français et les habitants du pays malouin !

Et des applaudissements unanimes saluent ce discours, « où les plus heureuses pensées sont exprimées en une langue délicate », où les sentiments, les plus heureux aussi, ont trouvé la forme la plus chaleureuse et où la bonne grâce bien connue du député de Paramé s'est épanchée si naturellement.

M. W. Rouxin, Maire de Paramé, prend la parole en ces termes :

DISCOURS DE M. W. ROUXIN

Messieurs,

Je suis heureux, au nom du Conseil Municipal et au mien, de vous souhaiter la bienvenue.

Je salue dans cette enceinte le Minist redes Terres du Canada, l'orateur distingué qui, hier, devant la statue du Découvreur de son pays, a fait battre si fort nos cœurs de Français, et dont les paroles si patriotiques ont fait couler bien des larmes.

Jacques Cartier ne fut pas oublié à Paramé ; lors de la restauration de cette mairie, son portrait, dû au pinceau d'un enfant du pays, M. Lemoine, fut placé à l'endroit où vous le voyez aujourd'hui.

On dit que Jacques Cartier, lorsqu'il revenait de ses expéditions lointaines et périlleuses, aimait à se reposer dans sa terre de Limoilou.

Cette tradition, Messieurs, s'est conservée de nos jours ; il y a quelques années encore, le grand historien de notre Bretagne ne venait-il pas, lui aussi, se reposer à Paramé, je veux parler de M. Arthur de la Borderie, dont le nom, je l'espère, figurera d'ici peu de temps sur une de nos places publiques.

C'est bien aussi à Paramé que le Président de toutes ces fêtes, M. Louis Tiercelin, vient, je ne peux pas dire se reposer, mais bien travailler à ces poèmes, à ces pièces de théâtre, qui l'ont fait si justement apprécier de tous.

Je remercie Monsieur le Président de la Société d'Archéologie de Saint-Malo, qui renferme dans son sein tant d'hommes érudits constamment à la recherche de tout ce qui intéresse le Clos-Poulet. C'est à eux que je dois l'honneur de vous recevoir aujourd'hui.

Et, Messieurs, je m'en voudrais si j'oubliais Monsieur l'amiral, le représentant de notre chère Marine, qui a tenu à venir jusqu'ici rendre un dernier hommage à celui que nous fêtons aujourd'hui.

De chaleureux bravos soulignent ces paroles du sympathique Maire de Paramé.

Ce m'est un devoir, pour ma part, de le remercier de m'avoir fait le très grand honneur d'associer mon nom à celui du Maître éminent, si regretté, dont la mémoire survit, chère et honorée. Nous ne pouvons qu'applaudir, en attendant mieux, à la promesse faite par M. W. Rouxin qu'une de nos places portera le nom de l'Historien de Bretagne. A quand sa statue aussi ?

M. Etienne Dupont, ensuite, au nom de la Société Historique et Archéologique de Saint-Malo ; puis M. Louis Tiercelin, au nom du Comité du Monument Jacques Cartier, remercient M. le Maire et le Conseil Municipal de Paramé, M. le Président et le Comité des Fêtes de Paramé (1), de l'accueil si chaleureux qui leur est fait et auquel toute la population s'est associée, en pavoisant et en fleurissant les maisons et les rues.

Mais voici que M. Robert Surcouf, Président de la Société des Combattants d'Ille-et-Vilaine, père du Député de la deuxième circonscription de Saint-Malo, s'avance vers le Ministre de Québec et, rappelant très heureusement un épisode de la guerre de 1870-1871, où les Canadiens mouraient à côté des Français et pour la France, il dit :

DISCOURS DE M. ROBERT SURCOUF

Monsieur le Ministre,

Hier, à l'inauguration du Monument élevé à la mémoire de Jacques Cartier, j'ai applaudi les éloquentes paroles que vous avez prononcées, et vous avez pu constater avec quelle chaleur elles étaient accueillies par la foule qui vous écoutait. Il m'a semblé que je sentais vibrer l'âme de la France !

Je me suis alors rappelé que César avait dit des habitants de l'ancienne Gaule qu'ils étaient éloquents et braves.

Vous nous avez prouvé que nous sommes descendants d'une origine commune et que les Canadiens français ont, à un haut degré, le don de l'éloquence. Mais ils sont braves aussi, Monsieur le Ministre, et leur âme s'éprend des causes nobles et justes.

(1) M. Lesbaupin, le distingué Président du Comité des Fêtes de Paramé, a été un organisateur parfait. MM. Chevance et J. M. Leroux, à qui est dûe la décoration de la Mairie et des Portes, ont droit à tous nos éloges pour leur talent et leur zèle dépensés sans compter.

Vous avez évoqué le souvenir de la guerre de 1870. Il m'appartient, comme Président des combattants de 1870-71 d'Ille-et-Vilaine, de dire que les Canadiens sont courageux. C'est un devoir de reconnaissance que j'accomplis, car, au moment de nos désastres, des habitants du Canada sont venus mettre leur vie au service de notre Patrie, et j'ai vu, pendant ces jours sombres, des Canadiens combattre à côté de moi et mourir sous l'uniforme français.

Dans une autre occasion, des Canadiens sont encore venus se battre non pas pour la France, mais pour ce qui était une part de l'héritage de la France !

Dites bien, Monsieur le Ministre, aux survivants de cette phalange de braves, que nous nous souvenons, que nous gardons la mémoire de ceux qui ont succombé dans la lutte, et puisse cet humble hommage aller jusqu'au delà des rivages de l'Atlantique, où nos remerciements arriveront ennoblis encore par votre organe.

A cet appel de clairons, M. A. Turgeon répond par une fanfare. Il récite un beau poème de Louis Fréchette, qui, malgré lui et de la façon la plus spontanée, aura participé à nos fêtes. Fréchette peut en être joyeux, ses vers ont été très bien dits et vigoureusement acclamés.

VIVE LA FRANCE !

C'était après les jours sombres de Gravelotte.
La France agonisait.

Bazaine Iscariote,
Foulant aux pieds honneur et patrie et serments,
Venait de livrer Metz aux reîtres allemands.
Comme un troupeau de loups sorti des steppes russes,
Une armée, ou plutôt des hordes de Borusses,
Féroces, l'œil en feu, sabre aux dents, vingt contre un,
Après mille razzias de Strasbourg à Verdun,
Incendiant les bourgs, saccageant les villages,
Ivres de vin, de sang, de haine et de pillages,
Et ne laissant partout que carnage et débris,
Nouveau fléau de Dieu, s'avançaient sur Paris.

Vols, attentats sans nom, horribles hécatombes,
Rien ne rassasiait ces noirs semeurs de tombes.
La province, à demi-morte et saignée à blanc,
Se tordait et râlait sous leur talon sanglant.

Seule ! et voulant donner un exemple à l'histoire,
Paris, ce boulevard de dix siècles de gloire,
Orgueil et désespoir des rois et des césars,
Foyer de la science et temple des beaux-arts,
Folle comme Babel, sainte comme Solime,
En un jour transformée en guerrière sublime,
Le front haut, l'arme au bras, narguant la trahison,
Par-dessus ses vieux forts regardait l'horizon !

Au loin le monde ému frissonnait dans l'attente ;
Qu'allait-il arriver ?

L'Europe haletante
Jetait, soir et matin, sur nos bords atterrés,
Ses bulletins de plus en plus désespérés...
On bombardait Paris !

Or, tandis que la France,
Jouant sur un seul dé sa dernière espérance,
Se roidissait ainsi contre le sort méchant,
Un poème naïf, douloureux et touchant
S'écrivait en son nom sur un autre hémisphère.
Tandis que d'un œil sec d'autres regardaient faire,
D'autres pour qui la France, ange compatissant,
Avait donné cent fois le meilleur de son sang,
Par delà l'Atlantique, aux champs du nouveau monde
Que le bleu Saint-Laurent arrose de son onde,
Des fils de l'Armorique et du vieux sol normand,
Des Français, qu'un roi vil avait vendus gaîment,
Une humble nation qu'encore à peine née,
Sa mère avait un jour, hélas ! abandonnée,
Vers celle que chacun reniait à son tour
Tendit les bras avec un indicible amour !
La voix du sang parla ; la sainte idolâtrie,
Que dans tout noble cœur Dieu mit pour la patrie,
Se réveilla chez tous ; dans chacun des logis,
Un flot de pleurs brûlants coula des yeux rougis ;
Et, parmi les sanglots d'une douleur immense,
Un million de voix cria : « Vive la France ! »

Sous les murs de Québec, la ville aux vieilles tours,
Dans le creux du vallon que baignent les détours
Du sinueux Saint-Charle aux rives historiques,
A l'ombre des clochers se groupent vingt fabriques.

C'est le faubourg Saint-Roc, où vit en travaillant
Une race d'élite au cœur fort et vaillant.

Là surtout, ébranlant ces poitrines robustes,
Où trouvent tant d'échos toutes les causes justes,
Retentit douloureux ce cri de désespoir :
« La France va mourir ! »

Ce fut navrant !

Un soir,
Un de ces soirs brumeux et sombre de l'automne
Où la bise aux créneaux chante plus monotone,
De ses donjons, à l'heure où les sons familiers
De la cloche partout ferment les ateliers,
La haute citadelle, avec sa garde anglaise,
Entendit tout à coup tonner la *Marseillaise*,
Mêlée au bruit strident du fifre et du tambour...

Les voix montaient au loin : c'était le vieux faubourg
Qui, grondant comme un flot que l'ouragan refoule,
Gagnait la haute ville, et se ruait en foule
Autour du consulat, où de la France en pleurs,
Drapeau toujours sacré, flottaient les trois couleurs.

Celui qui conduisait la marche, un gars au torse
D'Hercule antique, avait sous sa rustique écorce
— Comme un lion captif grandi sous les barreaux —
Je ne sais quel aspect farouche de héros.
C'était un forgeron à la rude encolure,
Un fort ; et rien qu'à voir sa calme et fière allure,
Et son mâle regard et son grand front serein,
On sentait battre là du cœur sous cet airain.

Il s'avança tout seul vers le fonctionnaire ;
Et, d'une voix tranquille où grondait le tonnerre,
Dit : « Monsieur le consul, on nous apprend là-bas
Que la France trahie a besoin de soldats.
On ne sait pas chez nous ce que c'est que la guerre :
Mais nous sommes d'un sang qu'on n'intimide guère ;
Et je me suis laissé dire que nos anciens
Ont su ce que c'était que les canons prussiens.
Au reste, pas besoin d'être instruit, que je sache,
Pour se faire tuer ou brandir une hache ;

Et c'est la hache en main que nous partirons tous ;
Car la France, Monsieur... la France, voyez-vous... »

Il se tut ; un sanglot l'étreignait à la gorge.
Puis, de son poing bruni par le feu de la forge
Se frappant la poitrine, où chacun eût pu voir
D'un scapulaire neuf flotter le cordon noir :
« Oui, monsieur le consul, reprit-il, nous ne sommes
Que cinq cents aujourd'hui ; mais, tonnerre ! des hommes,
Nous en aurons, allez !... Prenez toujours cinq cents,
Et dix mille demain vous répondront : « Présents !... »
La France, nous voulons épouser sa querelle ;
Et, fiers d'aller combattre et de mourir pour elle,
J'en jure par le Dieu que j'adore à genoux,
On ne trouvera pas de traîtres parmi nous !... »

Le reste se perdit, car la foule en démence
Trois fois aux quatre vents cria : « Vive la France ! »

Hélas ! pauvres grands cœurs ! leur instinct filial
Ignorait que le code international,
Qui pour l'âpre négoce a prévu tant de choses,
Pour les saints dévoûments ne contient pas de clauses.

Et le consul, qui m'a conté cela souvent,
En leur disant merci, pleurait comme un enfant.

LOUIS FRÉCHETTE.

Et les coupes de vin de Champagne circulent. Et de chaudes poignées de main s'échangent.

EN ROUTE POUR LIMOILOU

En redescendant vers nos voitures, nous sommes arrêtés bientôt au milieu de la foule.

Le Salut raconte ainsi ce gracieux épisode d'une journée pleine des incidents les plus heureux.

En apercevant cette foule rayonnante et curieuse, où domine l'élément féminin, M. Turgeon dit tout haut, en souriant :

— Il n'y a donc personne qui me présentera une cousine de France ?

Notre ami M. Jenouvrier, l'éminent avocat à la Cour d'Appel de Rennes, qui se trouvait, avec l'une de ses charmantes jeunes filles, sur le passage du cortège, s'avança vers le ministre et lui dit :

— Mais si, Monsieur le Ministre ; je vous demande la permission de vous présenter ma fille.

Le ministre canadien se montre fort touché du charmant à-propos de cette attention, remercie M. Jenouvrier, lui demande de bien vouloir lui faire parvenir la photographie de la charmante « cousine » de France, et promet de lui envoyer la sienne en échange.

En route maintenant, à travers les maisons souriantes, les murs décorés et les talus fleuris. La foule est grande comme aux jours de fêtes. On ne pouvait prévoir un tel empressement ; un tel accueil dépasse toutes nos espérances. Des cris de bienvenue retentissent ; des fleurs tombent dans nos voitures.

Le Salut dit :

Sur la route, on remarquait la décoration des habitations de M. Deria, de l'amiral Lafont et de la famille Demai. Sur la place de Saint-Ideuc, devant l'église, avait été dressé un arc-de-triomphe autour duquel étaient ingénieusement disposés des filets de pêche, des bouées de sauvetage, des grappins, etc. Aux mâts étaient appendus des cartouches où les armes de Bretagne s'unissaient à celles du Canada. Au sommet de l'arc-de-triomphe, dominait cette inscription : *Honneur à Jacques Cartier.*

La musique du 47e nous a précédés à Saint-Ideuc. Elle joue. Les cloches sonnent. Nous descendons de voiture pour remercier le Comité qui s'est formé dans ce joli bourg et l'artiste, M. Casse, qui a peint ce décor que nous admirons, au fond de la petite avenue : *L'arrivée de Jacques Cartier sur les bords du Saint-Laurent.*

De gentilles jeunes filles nous offrent des bouquets. Et nous remontons en voiture, au milieu des mêmes ovations en l'honneur de Cartier et de ses amis. Et la foule est la même, aussi nombreuse et aussi enthousiaste, le long du chemin jusqu'à Limoilou et nous précède et nous accompagne et nous suit dans notre pèlerinage.

AUX PORTES-CARTIER

On sait que la *Société Historique et Archéologique de l'arrondissement de Saint-Malo* avait décidé de s'associer à nos fêtes par la pose d'une plaque commémorative sur le manoir des Portes, au village de Limoilou.

Cette plaque de marbre qui ne porte que ces mots :

A JACQUES CARTIER
LA SOCIÉTÉ HISTORIQUE ET ARCHÉOLOGIQUE
DE L'ARRONDISSEMENT DE SAINT-MALO
24 Juillet 1905

est fixée sur le mur d'enceinte, à droite du portail.

Dans la cour de la ferme, une estrade a été dressée. Mme la vicomtesse de Ferron et son beau frère, M. le général de Ferron, font les honneurs et nous accueillent aimablement. (1)

Nous montons sur l'estrade. Le voile qui couvrait la plaque commémorative tombe. La musique du 47e joue les *Airs canadiens*, de Vézina.

M. E. Dupont, l'éminent Président de la Société Historique et Archéologique de l'arrondissement de Saint-Malo, se lève et prononce le remarquable discours qu'on va lire, prouvant qu'en même temps qu'il est un savant et un archéologue, il est aussi, à un degré rare, un lettré délicat et un parfait écrivain.

DISCOURS DE M. ETIENNE DUPONT

La Société Historique et Archéologique de l'arrondissement de Saint-Malo offre ce marbre en hommage à la mémoire de Jacques

(1) Le manoir des Portes-Cartier est aujourd'hui la propriété de Mme la Vicomtesse de Ferron, qui habite la Ville-ès-Offrans. Son père, M. Le Tarouilly, en devint propriétaire en 1859. (Voir l'*Hermine*, Tome XXXII, 4e livraison, 20 juillet 1905.)

Cartier. Notre compagnie a voulu rappeler, simplement et avec prudence, que le souvenir du découvreur du Canada plane sur ce logis; mais, soucieuse avant tout de la vérité historique qu'elle cherche à pénétrer et à mettre en lumière, elle s'est imposé l'obligation de n'inscrire sur cette pierre rien qui puisse être erroné. Le sous-titre qu'elle eut fait graver à Jacques Cartier, sieur ou seigneur de Limoilou ou des Portes, n'eut rien ajouté à la gloire de cet enfant du Clos Poulet. Il eut présenté, au contraire, l'inconvénient grave de faire tenir pour constant un événement douteux ou de consacrer une appellation inexacte. Aussi, la Société a-t-elle tenu à garder une réserve extrême, en honorant cordialement et sans phrases, par un marbre modeste, cet homme énergique et doux, pieux et patriote, si grand qu'il appartient à l'humanité tout entière, sans que cette universalité fasse perdre au pays qui lui a donné naissance, le plus petit rayon d'une gloire très pure, restant, tout à la fois, mondiale, française et bien bretonne.

Certes, les origines de Jacques Cartier sont obscures et il est à craindre que le mystère qui enveloppe sa naissance ne soit jamais éclairci.

La fatalité a voulu que les archives municipales de Saint-Malo présentassent une lacune de vingt-deux années, précisément à l'époque où, peut-être, on eut découvert la date et le lieu de sa naissance, ainsi que sa généalogie. Mais, qu'il soit né ou non à Saint-Malo, qu'il ait vu le jour à Saint-Servan, à Paramé où à Saint-Lunaire; peu importe. Que les arguments en faveur de la Cité Corsaire soient plus sérieux que les déductions assez subtiles qui militeraient pour la ville d'Aleth; que les revendications des Paraméens soient plus ou moins légitimes et les prétentions des habitants de Saint-Lunaire justifiées; qu'importe encore... De ces discussions, dont le but est si honorable et qui s'élèvent, nombreuses et ardentes quelquefois, se dégage un fait précis; de cette ombre jaillit une vérité lumineuse: Jacques Cartier est fils du pays de Saint-Malo. Ses yeux, à peine ouverts à la lumière, ont bu l'émeraude de la mer printanière; ses premiers pas se sont essayés sur les grèves au sable doré qui s'étalent ou qui se cachent entre Saint-Malo et la pointe de Cancale. Vif et hardi, il a escaladé les rochers qui enserrent le hâvre de Rothéneuf. Les cheveux au vent, il a couru à travers cette lande que termine au nord la mandibule colossale du Meinga, cette lande aux ajoncs broussailleux, aux prunelliers courts et drus, plaquée de bruyères roses et que percent, par endroits, les os de granit d'une terre maigre et avare, tandis que, vers le couchant, elle s'amollit vers la dune sauvage pour former la Guimorais où, dans les sables d'or s'ouvrent les yeux bleus des jolis chardons, et que Chausey, très bas sur l'horizon, égrène au ras des flots son chapelet d'îlots brumeux.

Mais, bientôt, aux jeux de l'enfance, aux rêveries vagabondes de la prime jeunesse succède la période de la vie pratique, laborieuse, agitée. Peut-être, avant sa vingtième année, Jacques Cartier affrontait-il avec de rudes compagnons les dangers du Banc américain et, devancier illustre et précoce de nos Terre-Neuvas, rapportait-il déjà, aux premières années du seizième siècle, ce poisson sain et nourrissant, inconnu alors de l'Europe occidentale, cette *molue* que, dès 1519, les Malouins faisaient « *seycher* » sur des claies, le long du sillon primitif, qui reliait leur île à la terre ferme ?

Il semble bien aussi qu'il ait appartenu à cette race audacieuse, sans peur, pas toujours sans reproches, d'hommes de mer, qui mêlaient volontiers aux opérations du négoce la dangereuse aventure de la course. C'est une simple hypothèse et le problème n'a rien de passionnant. Mais l'heure fixée par la Providence a sonné. L'aventurier Verrazani a échoué dans une entreprise que la piraterie a presque déshonorée. Jacques Cartier, « Maître pilote ès-ports de Saint-Malo », risque une supplique à Philippe de Chabot, « afin de reprendre et de mener à bonne fin la mission d'aller chercher par le nord-ouest un passage de l'Europe, en la Chine dorée et prendre pays neufs et bons. »

Telle fut la formule : on sait quelle en a été l'exécution. Aussi le récit des événements dramatiques qui se succédèrent, depuis cette époque, dans la vie du découvreur et du conquérant, serait fastidieux et hors de propos. Tout, en vérité, semble avoir été dit sur Jacques Cartier ; les documents se sont amassés ; la poésie a vivifié de son souffle l'œuvre de reconstitution historique et la légende a auréolé les traits énergiques de l'homme en illuminant le regard profond du héros.

C'est l'explorateur, hardi et prudent, des mers lointaines, c'est l'aventurier de génie que rappellera aux générations futures la puissante et méditative statue, toute imprégnée de poésie et qui doit tant à la poésie, statue qui charme les yeux et qui, mérite plus rare, fait penser. Peut-être, s'embrume-t-elle d'un voile de tristesse ? Peut-être, ses oreilles attentives aux moindres bruits de la mer perçoivent-elles l'écho des rumeurs tragiques que l'avenir réservait à la tâche entreprise, à l'œuvre accomplie ? Aujourd'hui, le mélancolique *Sic vos non vobis* du poète latin ne se pose-t-il pas naturellement sur les lèvres ? Mais, pour adoucir un peu cette amertume, réconfortons-nous dans cette pensée que, là-bas, par delà les mers, des côtes où Jacques Cartier aborda jusqu'aux rives des grands lacs aux eaux limpides, en passant par ces forêts profondes au sein desquelles

Chateaubriand promena ses rêves romantiques, est demeurée, depuis Jacques Cartier, s'est enracinée, a grandi, a fleuri, s'est épanouie cette belle langue française, cette conquérante pacifique aux succès plus durables que ceux que donnent les armes meurtrières et qui, transplantée, a conservé ce savoureux goût de terroir, mêlé d'une exquise délicatesse, puisé dans les entrailles de la mère-patrie.

Grâce à ce souvenir, nous serons moins troublés au récit des vicissitudes sans nombre où finit par sombrer l'œuvre matérielle de Cartier. Notre cœur palpitera moins douloureusement, au récit des supplices sanguinaires et des embuscades féroces qui forment la première partie de l'histoire canadienne. Nos mains se crisperont avec moins de désespoir, quand on nous représentera la Cour de Versailles dédaigneuse « des quelques arpents de neige » que Voltaire raillait avec une criminelle ironie, arpents sacrés de la nouvelle France que rougirent bientôt le sang de nos soldats tombant élégamment, à la française, jusqu'au jour où le drapeau, criblé de balles mais toujours frissonnant au souffle de l'honneur, tristement ferma son aile et repassa les mers.

Que le bronze presque impérissable, évocateur puissant et fécond des idées grandes et hautes, ressuscite, au cœur même de la Cité Corsaire, l'image d'un glorieux passé ; que la mer, toujours immuable, montre, des remparts qui enserrent le bastion de la Hollande, ce chemin du large que prit, il y a 371 ans, l'illustre Malouin : cela est bon, cela est juste, cela est grand. Ici, ce simple marbre rappellera aux populations laborieuses du pays, le châtelain, le seigneur, ou seulement le sieur de Limoilou ou des Portes, un Jacques Cartier terrien, un Jacques Cartier qui, après avoir chevauché sur les vagues, aimait à venir enjamber les sillons, à mener une existence douce et tranquille auprès de cette bonne Catherine des Granches, épouse fidèle dont le souvenir ne le quittait pas, au cours de ses longs et périlleux voyages.

Mais, hélas, la cage était sans oiseaux, la ruche sans abeilles. Jacques ne connut point le bonheur de voir la *marmaille* grimper à ses genoux et solliciter de sa bouche, en même temps que des baisers, des récits merveilleux qui eussent abondé sur ses lèvres. Il se consola, autant qu'il le put, en tenant sur les fonts baptismaux près d'une centaine d'enfants et vraiment ses parrainages n'eurent d'égaux en nombre que ses exploits !

Si un cœur très tendre battait en sa poitrine, un esprit juste et droit anima son cerveau puissant. Peut-être au pignon de cette demeure, a-t-il rendu quelquefois une justice expéditive ? Arbitre bienveillant et avisé, il apporta, dit-on, l'appui de son témoignage et de son autorité dans les discussions qui menaçaient de brouiller ses concitoyens et il se délassa de ses rudes travaux en dictant à son neveu, Jacques Nouel, les curieuses narrations de ses voyages.

C'est à ce Jacques Cartier intime que cette plaque commémorative est spécialement dédiée. Elle dira au passant que, dans ce logis, un grand homme qui aima bien sa petite patrie et qui en fut aimé, chercha souvent un doux repos, entre deux glorieuses entreprises ; qu'il y mena une vie discrète, honorée, bienfaisante et utile, et que si le Découvreur du Canada est immortel par son génie, il vivra aussi très longtemps dans la mémoire des hommes, grâce à une chose plus grande encore que le génie : la bonté.

Cet excellent discours, fort et sobre, où sont faites les réserves que réclamait la farouche histoire, où pourtant l'émotion du souvenir et la certitude du cœur s'affirment, a été applaudi et goûté comme c'était justice.

Brémont s'avance alors et récite mon poème : *Les Filleuls de Cartier*.

LES FILLEULS DE CARTIER

Aux Canadiens français.

Jacques Cartier vécut ici, nous dit l'Histoire.
O pèlerins pieux, sa maison, la voilà !
Ici, hors de la brume obscure où se voila
Le passé, son étoile échappe à l'ombre noire.

L'heure de sa naissance et le lieu de sa mort
Qui peut les affirmer d'une façon certaine ?
Jusqu'au jour où partit le vaillant Capitaine,
Tout entière sa vie échappe à notre effort.

Alors, nous le suivons, dans son récit fidèle,
Vers ce lointain pays où sa voile aborda ;
C'est là que, dans l'azur nouveau du Canada,
La Gloire prend son nom et monte à tire d'aile.

La trace de ses pas demeure empreinte encor
Sur la terre fertile et le long du Grand Fleuve,
Où ses mains apportaient une semence neuve
Que nous voyons fructifier en moisson d'or.

Mais, sans doute un peu las, désabusé peut-être,
Satisfait cependant du labeur accompli,

Il cherche le repos, il demande l'oubli,
Et c'est à Limoilou qu'il devra les connaître.

Il veut goûter enfin cet espoir toujours cher
De la paix qu'on savoure au déclin de la vie ;
Voilà le coin de terre où son rêve se fie,
Le manoir, le verger, les champs et puis la mer !

*
* *

C'est ici qu'au retour de la grande Aventure,
Il vécut, mais non pas délaissé, car souvent
La cour se remplissait d'un tumulte vivant ;
J'entends des cris, des chants et des bruits de voiture :

Un baptême là-bas sonne dans le clocher,
Et le père, un bourgeois grave, quelque noble homme,
Veut un compère illustre à son enfant qu'on nomme !
« Seigneur de Limoilou, c'est vous qu'on vient chercher ! »

Et combien ont ici formulé leur requête
Qu'un même bon accueil encourageait toujours ;
Cartier ne laissait pas achever le discours
Qu'il avait répondu : « Je serai de la fête ! »

Et c'était grande fête ! Honneur pour les parents,
Exemple pour le nouveau-né, ce parrainage
Apparaissait à tous comme un heureux présage ;
Ce filleul inscrirait son nom aux premiers rangs,

Digne de ce Français qui voulut faire encore
Une France plus grande et dont le rêve ardent
Poursuivait le soleil au loin vers l'Occident,
Sûr, en quelque pays, d'y retrouver l'aurore ;

Digne de ce Chrétien qui réclamait les droits
De Jésus et voulait gagner ces cœurs sauvages
Et qui prenait possession de ces rivages
En les marquant du signe auguste de la Croix.

*
* *

Ces filleuls de Cartier, gardant la double empreinte
De son patriotisme et de sa foi, leurs noms
Sont connus, braves gens et hardis compagnons,
Des Chrétiens sans reproche et des Français sans crainte.

Ces Malouins nombreux et certes des meilleurs,
Nous pouvons les compter au cours de nos archives,
Mais Cartier a fait souche aussi sur d'autres rives
Et le héraut de France a des filleuls ailleurs :

Des Chrétiens, qui n'ont pas laissé mourir la flamme
Que ce fier conquérant alluma sur leurs bords,
Qui se disent très fiers et se sentent très forts
D'avoir sauvé la foi de Jésus dans leur âme ;

Des Français, dont partout le passé se défend
Et qui, toujours, malgré le temps et la distance,
Sur leur lèvre ont gardé le doux parler de France
Et dans leur cœur l'orgueil de la France vivant.

C'est pourquoi, réunis sur cette terre élue
Par Cartier comme un lieu d'asile et de repos,
A l'ombre de la Croix, dans l'envol des Drapeaux,
Ces filleuls d'Outre-Mer, ici, je les salue.

Où mieux pourrions-nous donc leur tendre les deux mains
Qu'au seuil de ce manoir, dans sa paix fraternelle,
Lorsqu'on sent palpiter la présence réelle
De celui qui passa souvent par ces chemins ?

A ces « cousins » que le Canada nous envoie,
Dans la vieille maison de famille, où donc mieux
Évoquer les communs souvenirs des aïeux,
Unir notre espérance et dire notre joie ?

S'ils n'ont pas oublié ce Lieu Saint, nous aussi,
Nous savons l'honorer pour tout ce qu'il rappelle,
Et la France ancienne et la France Nouvelle
Peuvent fraterniser loyalement ici.

Ces filleuls de Cartier, ils ont compris peut-être
Que, s'ils se retrouvaient chez eux, étant chez nous,
Près de la mer plus bleue et sous le ciel plus doux,
C'est que sur tous planait l'ombre du grand Ancêtre.

Aussi, rentrés Là-Bas, qu'ils proclament bien haut
Que les traditions ne se sont pas perdues
De l'hospitalité Bretonne et, mains tendues,
Qu'ils ont trouvé partout des Bretons au cœur chaud ;

Accueillis au pays de Douce Souvenance,
Qu'ils ont vu refleurir le Passé tout entier ;
Qu'au pied de la Statue et qu'aux Portes-Cartier,
Ils ont communié dans l'amour de la France.

LOUIS TIERCELIN.

Je n'ai pas fini de remercier et de louer mon ami Brémont, dont le grand talent, le dévouement et la sympathie ont mis une telle note artistique à ces fêtes. Il s'est dépensé pour nous avec une exubérance, dont ne s'étonnera nul de ceux qui connaissent son fier esprit et son bon cœur.

A Brémont succède M. Fabre Surveyer, que je présente au public comme un neveu de l'Honorable Hector Fabre et comme un ami de la France. Et certes il l'a prouvé magnifiquement, dans un très beau discours que nous sommes heureux de pouvoir reproduire.

DISCOURS DE M. FABRE SURVEYER

Monsieur le Président,
Mesdames et Messieurs,

Les fêtes inoubliables — l'expression a déjà été employée, mais je la répète avec plaisir, n'en pouvant trouver d'autre qui rende aussi bien ma pensée, — les fêtes inoubliables organisées pour l'inauguration de la statue de Jacques Cartier à Saint-Malo sont à la veille de se terminer. Il convient peut-être que, le plus jeune et le dernier en date des orateurs de ces réjouissances, je fasse avec vous le bilan de ces deux journées.

De ces fêtes, il restera des souvenirs tangibles, et des souvenirs intangibles.

Le premier et le plus important de ces souvenirs tangibles est, sans contredit, le monument admirable que vous avez élevé à Jacques Cartier et dont l'inauguration a été l'occasion de ces fêtes. Si Mercier, autrefois Premier Ministre de la Province de Québec et dont le nom est inscrit sur les dalles de la vieille cathédrale de Saint-Malo, sortait de sa tombe pour revenir dans la patrie du découvreur du Canada et demandait, comme il y a quinze ans : « Où est Jacques Cartier ? » les Malouins pourraient lui répondre victorieusement par ces vers de la vieille chanson bretonne, que nous avons pieusement conservée au Canada :

> Il est dans la Hollande :
> Les Hollandais l'ont pris.

Les Hollandais l'ont pris, Messieurs, mais ils ne l'auront pas tout entier ; il est à nous autant qu'il est à vous : Saint-Malo a été son berceau ; le Canada, le vaste champ où son activité a pu s'exercer ; et il y a déjà longtemps que Québec et Montréal en érigeant des monuments à Jacques Cartier ont affirmé leurs droits à sa gloire. La lenteur de la vieille cité malouine à reconnaître son héros ne doit pas lui être reprochée ; au contraire, elle fait honneur à Cartier aussi bien qu'aux Malouins : à Cartier, puisqu'elle montre que, dans cette ville féconde en héros, il pouvait impunément attendre son tour, étant plus que tous les autres sûr de l'immortalité ; aux Malouins parce qu'elle prouve que, malgré les courants contraires, malgré les obstacles de toute sorte, sans cesse renaissants, la persévérance et l'énergie, ces deux vieilles vertus malouines, n'ont rien perdu de leur intensité, et peuvent, comme autrefois, triompher après de longs et patients efforts :

> Non, non, vous n'êtes pas les derniers des Bretons ;
> Le vieux sang de tes fils coule encore dans vos veines,
> O terre de granit, recouverte de chênes !

Le second des souvenirs tangibles de ces fêtes, c'est la modeste plaque que vous inaugurez aujourd'hui et son inscription, dont l'imprécision même assure l'exactitude, qui rappelle que Jacques Cartier a passé dans ces lieux quelques-uns des loisirs que lui ont laissés les dernières années de sa vie et qu'il les a employés à faire le bien.

Ces deux jours de fête nous laisseront aussi des souvenirs intangibles. Malouins et Canadiens, nous avons appris à mieux nous connaître, et par suite à mieux nous aimer. De notre côté, nous avons appris et nous redirons tout le dévouement et l'admiration que vous conservez pour le navigateur qui quitta un jour le port de Saint-Malo pour aller découvrir au-delà des mers une Nouvelle-France. D'autre part, ayant appris à mieux nous connaître, vous aurez à l'avenir mission de nous défendre. Nous vous constituons nos champions de ce côté de l'Océan. Dites bien à tous que nous ne sommes ni des sauvages ni même des anglo-saxons ; que nous avons conservé les habitudes françaises, la langue plus que les habitudes, et plus que la langue, l'âme française, Dites bien à tous que la langue que nous parlons est encore le français, et si des Parisiens, à la suite d'un voyage rapide au Canada, ou même sans y avoir mis le pied, sourient de nos archaïsmes et de nos anglicismes, ramenez leurs critiques à de justes proportions. Nos archaïsmes ! Est-ce notre faute si notre grammaire s'arrête à la page où nos communs ancêtres l'ont laissée ouverte. Nos anglicismes ! Est-ce notre faute, si, à l'instar du duc de Reichstadt qui, dans le beau drame de Rostand, se lamente de ne porter plus que deux croix au lieu d'une, nous avons deux langues officielles qui se nuisent forcément l'une à l'autre, au lieu d'en avoir une seule dont nous connaîtrions à fond toutes les ressources ?

Hier, la ville de Saint-Malo a été témoin d'un spectacle nouveau :

A Saint-Malo, beau port de mer,
Trois gros navires sont arrivés.

Le premier de ces navires, commandé par le capitaine Botrel, vous apportait l'obole des Canadiens et le tribut de reconnaissance qu'ils voulaient bien, même au loin, envoyer à leur Découvreur.

Le deuxième vous a apporté ces Canadiens eux-mêmes, phalange peu nombreuse, mais serrée et ardente, qui est venue d'au-delà de l'Océan serrer la main à la phalange-sœur des Malouins et réclamer sa part dans les apothéoses de ces deux jours.

Le troisième vous apportait les regrets, délibérations, lettres, dépêches des innombrables Canadiens qui, empêchés d'être présents à ces cérémonies, tenaient cependant à y participer par le cœur et par la pensée.

C'est au nom de ces Canadiens divers, des occupants de ces trois navires, que je vous félicite, Messieurs, d'avoir payé un si beau tribut d'hommages à un héros dont la gloire nous est chère aux uns et aux autres, et d'avoir, par votre charmante hospitalité, contribué à resserrer les liens qui unissent les habitants de la vieille cité malouine avec ceux du jeune et prospère Canada.

Le dernier mot devait être encore à Botrel. Une improvisation encore sur l'air : *A Saint-Malo, beau port de mer*. Voici ces couplets crayonnés pendant que nos orateurs parlaient.

LA CHANSON DE PARAMÉ

De Saint-Malo, beau port de mé (*bis*)
Nous venons tous à Paramé,
    Tout le long d'la mé,
    Nous y promener,
Pour fêter Cartier l'Ancêtre !

Salut à vous, Paraméens (*bis*)
Au nom de tous les Malouins

V'nus à Paramé
Tout le long d'la mé,
Pour fêter Cartier l'Ancêtre !

Chez vous nous arrivons ce soir (*bis*)
Pour y saluer le manoir
Sis à Paramé
Tout près de la mé,
Où vécut le grand ancêtre !

Portes-Cartier, salut à vous ! (*bis*)
Cher petit coin rustique et doux,
Où dans Paramé.
Tout près de la mé,
Reposa Cartier l'Ancêtre !

Cher petit coin où bien souvent (*bis*)
Cartier respirant le grand vent
Venu de Gaspé
A travers la mé
Caresser Cartier l'Ancêtre !

Bretons, joignez vos cris aux miens (*bis*)
Pour acclamer les Canadiens
V'nus à Paramé.
A travers la mé,
Pour fêter le même Ancêtre !

Et *Le Salut* conclut en ces termes, par la plume de son directeur :

On applaudit une fois de plus le barde au cœur d'or, comme ses ajoncs, et l'on se dirige vers le manoir, où Mme de Ferron reçoit ses hôtes dans la chambre qui, suivant toute probabilité, fut celle de Jacques Cartier. On y but le champagne offert par l'hospitalière châtelaine, Mme de Ferron, à qui M. Tiercelin porta un toast. M. le général de Ferron répondit. Puis le cortège, après s'être imprégné de l'atmosphère du manoir, reprit la route du retour.

Comme j'allais à mon tour quitter la chambre de Jacques Cartier, le brave fermier, M. Pierre Macé, qui, avec sa vaillante femme — une Hesry, c'est tout dire ! — habite le manoir, dont il prend un soin pieux, me montrant une énorme poutre qui barre le plafond, me dit : « Ceci a dû être le coffre-fort de Jacques Cartier. »

Et comme je souriais, il m'expliqua qu'étant tout jeune et ayant, sans y prendre garde, donné un violent coup de masse dans la poutre, il fut stupéfait de l'avoir crevée. Il y introduisit la main ; elle était creuse sur une longueur d'environ un mètre vingt. On en conclut qu'elle avait naguère servi de cachette et que, peut-être, elle avait servi de coffre-fort à Jacques Cartier, qui, d'ailleurs, l'avait laissée vide.

Comme Paramé et Saint-Ideuc, Rothéneuf avait fait des merveilles. Nous reviendrons sur les diverses décorations dont la population paraméenne avait tenu à honorer la mémoire de son glorieux compatriote.

Ce que nous voulons constater en terminant, c'est que le pays de Saint-Malo tout entier s'est levé comme un seul homme pour célébrer, en communion avec les Canadiens, la grande mémoire de son glorieux ancêtre, dans des fêtes qui resteront au rang de ses meilleurs souvenirs, comme elles resteront son honneur vis-à-vis de la postérité.

A Rothéneuf, musique toujours et son de cloches. Nous passons sous des arcs de triomphe et nous revenons le long de la mer, qui est mieux que d'émeraude, toute d'azur comme le ciel.

A Rochebonne, on s'arrête un moment. Ceux de Paramé vont serrer la main des Malouins, des Servannais et des hôtes. On se sépare. La fête est finie.

AU CASINO DE PARAMÉ

M. Bertrand, le très sympathique directeur de notre Casino de Paramé, avait tenu à prendre part à nos fêtes par une représentation de gala donnée le soir même (1). En l'honneur de Jacques Cartier, il avait fleuri son affiche, où s'annonçait *Mireille*, des noms aimés de Brémont et de M. et Mme Th. Botrel. Nos amis avaient bien voulu, à ma prière, se faire entendre entre deux entr'actes. M. et Mme Botrel ont

(1) Il y a contribué d'autre sorte encore, en nous remettant cent francs pour notre souscription. On est toujours sûr de trouver M. Bertrand, quand il s'agit d'une œuvre patriotique ou charitable.

chanté leurs jolies chansons aux applaudissements d'une salle en délire. Le barde a lu une lettre de Mistral, lui souhaitant succès et lui marquant sa sympathie à l'occasion d'un Pardon qu'il organisait à Pont-Aven.

Brémont a dit *Réconciliation*, de Sully-Prudhomme, et un très beau poème de Guy Jarnouën de Villartay, que j'ai le plaisir de publier et à qui nos lecteurs renouvelleront le succès qu'il a trouvé près du public du Casino.

LA FIANCÉE DE GLOIRE

Le printemps et le soir s'inclinent enlacés
Vers la nappe onduleuse où les flots balancés
Accordent leurs soupirs aux émois de la brume ;
Une mouette lente effleure d'un vol blanc
La vague molle que nuance le couchant ;
On dirait un léger frissonnement d'écume.

L'heure est suave et calme et le soir va mourir.
Or voulant consacrer l'éternel souvenir
Du jour où leurs deux cœurs ont vu le même rêve,
Le jeune homme pensif, la vierge aux blonds cheveux
Sont venus fiancer leurs âmes d'amoureux
Dans la splendeur crépusculaire qui se lève...

Cartier songe, il s'afflge, il hésite, il a peur
De sentir s'éclipser l'étoile du bonheur,
Pour ce fantôme de la gloire dans la vie ;
Il est environné d'amour et le devoir
S'imprécise aux routes lointaines que le soir
Assombrit d'amertume et de mélancolie.

La jeune fille tendre a doucement frémi ;
Elle a lu dans les yeux enfiévrés de l'Ami
Un reflet alangui d'espérance et de doute ;
Et debout sur le granit sombre où le soleil
Attarde son adieu somptueux et vermeil,
Elle a parlé, le geste fort et vibrant toute :

« O bien-aimé ! le jour s'endort, voici la nuit
Qui monte, unifiant nos songes aujourd'hui
Pour une impérissable et lumineuse étreinte ;

Et dans le crépuscule épanoui je vois
Grandir l'éternité de mon amour pour toi,
Qui marque nos destins de l'immortelle empreinte.

« Je t'aime, je serai ta servante ici-bas ;
Mes pas seront fleuris dans l'ombre de tes pas,
Pourvu qu'à ton bonheur ma volonté s'incline,
Mais, depuis l'heure où mon âme voulut oser
Offrir toute ma vie à ton premier baiser,
J'ai senti ton cœur lourd battre dans ma poitrine.

« J'ai senti s'animer en moi le Rêve ardent,
Que tu formas les yeux tournés vers l'Occident ;
Les soirs comme ce soir te semblaient une aurore
Dont la lueur sereine émerveillait les cieux
A l'horizon dans un pays vertigineux
Que savait ta pensée et que le monde ignore.

« Mon cœur ensoleillé de ton cœur a compris
Le frisson d'inconnu dont il était surpris ;
Le rêve que tu fis, je l'ai refait moi-même,
Et je veux t'éblouir encor de sa clarté,
Heureuse d'en saisir l'enivrante beauté,
Parce que c'est ton Rêve et parce que je t'aime. »

Elle parla, disant la tâche, les efforts,
L'espérance, mirage éblouissant du port,
Quand l'esprit énervé de l'attente chancelle ;
Enfin la terre, le triomphe, la rumeur
Qu'érigent vers l'azur en formidable chœur
Les peuples acclamant la gloire universelle.

Tragique de pâleur souveraine, dans l'or
Que l'éblouissement de l'heure traîne encor,
Auréolant de feu sa chevelure blonde,
Elle parla... tandis que ses bras étendus
Désignaient au marin les horizons perdus,
Où, certaine, passait la vision d'un monde.

Elle parla... Cartier se dresse vers l'espoir,
Lumineux de génie et tendre de revoir
Naître sa destinée à des lèvres de femme ;
Le conquérant, sacré devant la mort du jour
Par l'Aube du Triomphe et par l'Aube d'Amour,
Contemple fasciné le reflet de son âme.

*
* *

O vaillant Découvreur, si tu fus le Héros;
Dans leur impassibilité mouvante, si les flots
Ont livré le secret à ta main sûre et brave;
C'est qu'un chant virginal a frémi sur le seuil
Où sombrait engourdi l'essor de ton orgueil;
C'est qu'une ombre amoureuse éclaira ton étrave.

Pour te bâtir un héroïque piédestal,
D'autres auront fleuri ton geste occidental
Des lauriers d'or fondus au brasier de l'histoire;
Moi, j'ai voulu tendre ces palmes de beauté
Vers celle qui sourit en l'immortalité
D'être éternellement l'épouse de ta gloire.

GUY JARNOUËN DE VILLARTAY.

C'est sur ce beau chant de gloire, d'amour et de jeunesse que les fêtes se sont terminées. C'était le poétique adieu de Brémont à nos fêtes qu'il avait illustrées de sa présence et au public qui l'avait si chaleureusement accueilli pendant ces deux jours.

Et je m'en revenais, seul, le long de cette merveilleuse digue de Paramé, dans la douceur d'une nuit très calme. Les étoiles clignotaient et, de Saint-Malo à Rochebonne, on entendait courir de petites vagues frissonnantes sur le sable mouillé.

Et je pensais que la dernière heure s'achevait de ces journées mémorables et que l'entreprise était donc menée à bonne fin, pour laquelle il avait fallu tant de peines, et pendant tant d'années.

L'œuvre était bonne pourtant, consacrée uniquement à la gloire de Jacques Cartier, mais elle avait dépassé son but.

Elle avait définitivement scellé l'union des compatriotes Malouins, Bretons et Français avec les « cousins », avec les *frères* Canadiens.

Elle avait affirmé le culte persistant de la patrie et de la religion, par l'empressement de tous à célébrer une grande mémoire, qui s'embellit de ces deux auréoles.

Elle s'était développée comme un noble hommage à cette langue française, que nous gardons précieusement pour tout ce qu'elle contient de force et de grâce et pour tout ce qui l'environne de souvenirs magnifiques. Plus encore : il nous était très doux, plus doux même, de l'entendre sur les lèvres de nos « cousins ». Elle nous revenait de si loin, dans le temps et dans l'espace, avec plus de charme peut-être, et les voix qui la parlaient nous semblaient ainsi tremblantes d'une émotion contenue.

Il n'y eut rien, pendant ces journées, de la banalité des cérémonies officielles. On se sentait vivre dans cette atmosphère heureuse, où les dissensions s'apaisent, où les divisions s'oublient, où tout ce qui sépare est inconnu, mais où l'on fraternise dans les sentiments les plus nobles et qui semblent alors les plus naturels à l'âme humaine.

Ces heures sont bonnes et de telles fêtes de gloire, pour ce qu'elles apportent de concorde et d'oubli, apparaissent, au milieu des luttes fatales, comme une bienfaisante « trêve de Dieu. »

APRÈS LES FÊTES

Le lendemain, les uns après les autres, nos hôtes et nos amis partaient.

L'Honorable A. Turgeon voulait bien venir me serrer la main à Kerazur et me dire quels souvenirs il emportait de son séjour parmi nous.

Un certain nombre de Canadiens présents aux fêtes adressaient aux journaux du pays la lettre que voici :

Monsieur le Directeur et cher « Cousin »,

Les soussignés, au nom de tous, Canadiens Français et Français vivant ou ayant vécu au Canada, venus dans les murs de la vieille cité malouine honorer Jacques Cartier et la Bretagne sa Mère, vous demandent d'être, par la voie de votre organe, l'interprète de leur reconnaissance pour l'accueil reçu et de leur fraternel « *Je me souviens* » pour ces dates des 23 et 24 juillet ; et promettent, se fiant sur l'expression si exacte de leur état d'âme donnée par l'Honorable M. Turgeon, de revenir ici saluer Cartier et remercier les Malouins.

Vive Saint-Malo ! Vivent les Bretons de la vieille cité malouine ! et de tout cœur : « *Vive la France !* » qui, comme nous, se souvient.

A. Léo LEYMARIE, membre correspondant de l'Institut Canadien de Québec ; J.-A. GIROUX, Jos. PICARD, Am. BELANGER, Charles LEFEBVRE, professeur à l'Université de Québec, J.-F. LEFÈVRE, Ludger GRAVEL, 2e vice-président de la Société des Artisans Canadiens-Français, Dr T.-A. BRISSON, Dr DUBEAU, Dr LEMIEUX, C.-B. MAJOR, ancien député, Mme et M. BAUSET, Éd. FABRE-SURVEYER, avocat, Xavier MERCIER, Pierre ROLLAND, Olivier ROLLAND.

Quelques jours après les fêtes, M. le sénateur Garreau m'écrivait, et je tiens à reproduire intégralement sa lettre, car elle prouve que, s'il a bien voulu nous prodiguer son appui, sans aucune arrière-pensée politique, il nous est garant que, nous aussi, nous avons su éloigner avec soin tout ce qui pouvait introduire jusqu'au soupçon même d'une préoccupation autre que celle de fêter un grand Français, un illustre Malouin.

Vitré, le 2 Août 1905.

Monsieur le Président,

En rentrant cette nuit de Quimper, où je suis allé présider « les Assises de la Pomme », je trouve votre bonne lettre du 28 juillet. Je ne saurais vous dire à quel point je suis touché des sentiments dont vous voulez bien vous faire l'interprète au nom du Comité de la Statue Jacques Cartier (1) et au vôtre ; combien me sont allées au cœur les paroles si gracieuses que j'ai entendues au banquet du 23 et celles que vous avez eu l'amabilité grande de faire entendre le lendemain. Laissez-moi vous dire que je me trouvais déjà trop récompensé par le plaisir d'avoir pu m'associer à une œuvre de haute justice et vous être agréable à tous.

Je me permets d'ajouter que si des circonstances indépendantes de ma volonté ne m'avaient privé de la joie d'être des vôtres le 24, je me serais fait un devoir de faire au sympathique Président du Comité la

(1) Je remerciais le sénateur d'Ille-et-Vilaine et j'avais par le même courrier remercié M. le Sous-Secrétaire d'Etat aux Beaux-Arts, pour la subvention de trois mille francs accordée à notre monument par le Ministre, à la demande de M. Garreau et de M. Dujardin-Beaumetz.

large part qui lui revient dans le succès d'une entreprise qui n'allait pas toute seule. Vous avez été l'âme vibrante et agissante du Comité et je me félicite d'avoir été à même de seconder, dans une mesure que j'aurais été heureux de faire plus utile, vos généreux efforts.

Veuillez agréer, Monsieur le Président, l'assurance bien sincère de ma cordiale sympathie.

G. GARREAU.

Le Comité, j'en suis sûr, et son Président, je l'affirme, accueilleront comme le meilleur éloge des « efforts » qu'ils ont tentés en faveur de cette œuvre française et malouine, l'aimable lettre d'un de ceux qui ont le plus fait pour les aider auprès du Gouvernement.

Bientôt m'arrivait aussi, mais comme un témoignage de regret, une lettre qui aurait dû être un témoignage de sympathie. Elle était précédée et expliquée par une autre lettre.

Les voici, toutes les deux.

ROYAL SOCIETY OF CANADA Ottawa, 22 Juillet 1905.

Monsieur le Président,

Je suis chargé par la Société Royale du Canada de vous transmettre la lettre de notre Président datée du 20 Juin et de vous expliquer la cause du retard dans son expédition.

Il avait été compris que Sir Sanford Fleming, partant pour Londres, y attendrait la lettre officielle avant que de se rendre à Saint-Malo, mais, par un fâcheux malentendu, cette lettre n'est pas partie à temps pour le rejoindre, de telle sorte que nous vous l'adressons aujourd'hui directement, en exprimant le regret de ne pouvoir vous la faire parvenir pour les fêtes du 23 de ce mois.

Croyez-moi, Monsieur le Président, votre tout dévoué serviteur.

S.-E. DAWSON,
Secrétaire Honoraire.

Ottawa, 20 Juin 1905.

Monsieur le Président,

La Société Royale du Canada est heureuse de pouvoir se faire représenter auprès du Comité Jacques Cartier de Saint-Malo, à l'occasion de la pose d'une statue et d'une plaque commémorative de la découverte du Canada, le 23 juillet prochain, et afin que vous puissiez juger de l'intérêt que cette fête comporte parmi nous, je dirai que la moitié de nos membres se livrent aux études historiques concernant le Canada. Par conséquent, nous sommes en communauté d'idée avec vous sur tout ce qui rappelle les travaux du Découvreur.

Il va de soi que nous avons ressenti avec un plaisir peu ordinaire l'action des citoyens de Saint-Malo pour honorer la mémoire d'un grand homme que les Canadiens de toutes les origines respectent et saluent toujours comme l'un des leurs, ainsi que l'attestent nos écrits, son portrait répandu partout, son nom donné à des divisions territoriales, ville, banque, rivières, lacs, navires, rues et places publiques dans notre pays.

En députant auprès de vous un ancien Président, qui appartient à la branche scientifique de notre Institution, le dévoué sir Sanford Fleming, l'un des hommes les plus utiles du Canada, nous exprimons, de la manière la plus honorable et la plus empressée, notre adhésion au sentiment qui anime nos cousins de France à l'égard du souvenir de Jacques Cartier, comme au sujet du rapprochement qu'il opère entre nous tous, après plus de trois siècles et malgré la distance qui nous sépare.

N'oublions pas que si la moitié des équipages du fameux Malouin dort dans la terre de France, l'autre moitié repose chez nous dans le sol de la ville de Québec, près du monument que nous avons élevé pour faire comprendre au peuple la courageuse entreprise de ces marins et j'ajoute qu'on se tromperait beaucoup en France si on s'imaginait que cette vénération est particulière aux Canadiens français, car elle existe à l'état universel dans nos provinces, dans nos livres d'école, sur les billets de banque, etc., bien qu'elle soit plus intense, naturellement, au milieu du groupe de langue française qui a aussi conservé jusqu'à présent les lois civiles de l'ancienne mère-patrie et tant de coutumes que vous seriez étonné de voir dans cette Nouvelle-France du XVIIe siècle.

Nous travaillons donc tous pour la même cause. Ce qui pour vous constitue une gloire nationale, l'est également pour les Canadiens. Nous sommes heureux, je le répète, de témoigner en cette circonstance, combien nos populations apprécient votre démarche et d'autre part nous sommes fiers de l'honneur que votre invitation confère à notre Société.

Je reste, Monsieur le Président, votre tout dévoué serviteur.

Alexander JOHNSON, M. A. H. H. D.

J'ai inséré la lettre de M. le sénateur Garreau, comme une preuve que nous avons été compris dans notre intention de ne point mêler la politique à notre œuvre ; je donne cette lettre de l'éminent Alexander Johnson en témoignage de l'appel que nous avions fait à tous les Canadiens, quelle que fût leur origine, Anglais ou Français, bien décidés que nous étions à ne point porter ombrage au sentiment de fidélité du *Dominion* envers la couronne d'Angleterre.

Nos regrets n'en sont que plus vifs que la grande Société n'ait pu être représentée officiellement à nos fêtes.

On trouvera juste aussi que j'insère à cette place la *leader-chronique* du *Paris-Canada*, en date du 15 août 1905.

Il était bon que l'impression des Canadiens nous fût connue et nul ne pouvait la donner avec plus d'autorité que l'Honorable Hector Fabre. Il atteste que nous avons été les ouvriers d'une bonne œuvre.

Voici ce morceau littéraire, qui fait le plus grand honneur à son esprit et à son cœur :

JACQUES CARTIER

De ces fêtes admirablement organisées sous la direction délicate et légère d'un poète, M. Louis Tiercelin, avec le concours d'hommes distingués, épris des gloires bretonnes, en tête desquels il faut placer le maire de Saint-Malo, M. Jouanjan, et le député d'Ille-et-Vilaine, M. La Chambre, et les principaux membres du Conseil municipal, on peut dire, sans l'exagération ordinaire et obligatoire des comptes rendus, qu'elles ont dépassé toutes les attentes, qu'elles ont eu un caractère particulier d'émotion patriotique et de charme rétrospectif, si l'on peut ainsi parler, et que le souvenir délicieux en restera dans l'âme de tous ceux qui y ont assisté. Les Malouins, si amoureux de leur ville, de son passé, de ses gloires, et quelles gloires ! de sa grâce souveraine, ont passé des heures d'enthousiasme qu'ils n'oublieront pas, qu'ils revivront souvent dans les évocations des claires matinées, dans les rêveries des longs soirs. Pour ce qui est des Canadiens, enclins parfois, un peu légèrement, à songer que, dans ces vieilles provinces d'où sont venus leurs pères obscurs ou glorieux, on a oublié leur histoire aux dates françaises, ils ont vu là en quelques heures dissiper les nuages de l'oubli et apparaître le passé de deux siècles, sombrer l'indifférence et rayonner au loin l'amour sans bornes de leur jeune pays, et leur cœur en restera à jamais pénétré et attendri !

Jacques Cartier ! Saint-Malo ! ces noms n'étaient pas ignorés ou méconnus, à Dieu ne plaise de le penser ! mais ils n'étaient pas à leur vraie place dans la mémoire vivante, présente, des Français du Canada, qui leur doivent tous les biens qu'ils ont trouvés sur le sol libre d'Amérique, aux ressources infinies ; des Français de France qui, à cette époque de leur histoire, et nonobstant les excédents de gloire qu'ils jettent dans les balances où se pèse la valeur de chaque peuple, ne doivent point se dispenser de mettre en relief les hauts faits dont le théâtre a été situé loin de France.

D'où est née tout à coup, et après une si longue somnolence de gratitude, la pensée de glorifier Jacques Cartier et Saint-Malo ? M. Ed. Fabre-Surveyer l'a laissé entendre dans son charmant et touchant discours aux Portes-Cartier, qui, après les éloquentes paroles prononcées en cours de route par M. Turgeon, a ouvert cependant une nouvelle source d'émotions dans le cœur de ce peuple assemblé autour de l'estrade où nous nous tenions, et mis de nouvelles larmes dans les yeux de cet amiral, de ce général, de ce député, de tous ces Malouins distingués, sensibles à tout ce qui touche au passé de ce coin de terre où ils sont nés. C'est à la mémoire d'Honoré Mercier, premier ministre de la province de Québec, qu'il faut en reporter l'honneur. C'est lui qui, en venant s'agenouiller sur le parvis de la cathédrale, là même où la légende enseigne que Jacques Cartier s'est agenouillé avant de partir pour sa grande découverte, en y priant avec la même dévotion sincère, en y faisant graver une inscription rappelant l'hommage qu'il était venu, au nom de ses compatriotes, rendre au Découvreur du Canada, c'est lui qui a indiqué le devoir qu'il restait à remplir à l'égard de Jacques Cartier, devoir que la mort ne lui a pas laissé le loisir de remplir lui-même.

Mercier était pénétré de cette pensée que c'était aux Canadiens tout autant qu'aux Malouins à rendre à Jacques Cartier l'honneur qui lui est dû, et que c'était à leur concours réuni qu'on devait demander les ressources nécessaires pour l'érection d'un monument commémoratif. Botrel, on ne saurait trop l'en féliciter, s'est fait le messager de cette noble pensée ; il est allé au Canada chanter la gloire de Jacques Cartier, et il en a rapporté dans son escarcelle de barde breton les ressources premières pour l'érection de la statue.

N'en déplaise aux gens positifs, mais leur infériorité en l'espèce est notoire autant qu'amendable : il n'y a que les poètes, que les artistes, pour faire aboutir les choses d'ordre généreux. M. Louis Tiercelin, laissant reposer sa lyre, et y revenant par instant, comme le montrent les vers ailés qui, à intervalles divers, ont traversé sur leurs ailes notre attention charmée, a pris la direction de cette œuvre glorieuse ; il y a consacré tous ses soins, et quels soins! zélés, entendus, constants, infatigables. Le succès le plus complet, le plus conforme à ses efforts, a récompensé son ardeur. Et comme la fortune est fidèle aux poètes, quoi qu'ils en disent, et comme tant d'inspirations heureuses en témoignent, il a trouvé en Georges Bareau un artiste selon son cœur, selon le nôtre, qui nous a donné un Jacques Cartier, animé, armé pour d'autres conquêtes, d'autres découvertes. Lorsque le voile est tombé, et lorsque est apparue, aux yeux de cette assistance nombreuse et attentive, l'œuvre de l'artiste, l'image du brave marin, sous l'éclat de ce soleil, sur un point de ce vaste horizon où plonge le regard et, à ce moment, y cherchait le Canada lointain, les acclamations se sont élevées de toutes parts et ont salué la figure immortelle qui se dessinait hardiment dans l'air pur. C'est une heure qu'on n'oublie pas lorsqu'on l'a vécue. Pour en comprendre toute l'émotion, il faut connaître cette Bretagne admirable, ces côtes délicieuses, cette atmosphère exquise, cette ville de Saint-Malo unique en son contour gracieux et ferme.

A l'avenir, quel Canadien viendra en France sans faire pélerinage à Saint-Malo, sans venir, comme Mercier, saluer Jacques Cartier, s'incliner devant son monument ! Pélerinage patriotique, pélerinage sacré ! Et nos compatriotes trouveront auprès de ces Malouins si sensibles, si chaleureux, un accueil qui leur rappellera aux uns et aux autres cette célébration qui a remué tant de souvenirs et fait vibrer tant de cœurs à l'unisson !

Je ne sais vraiment comment exprimer à Turgeon, après les ovations qu'il a reçues, après les témoignages d'admiration et d'affection qui lui sont arrivés de tous côtés, à quel point j'étais content de son discours et de la façon dont il a fait honneur à notre pays, en cette fête comme historique. Son grand talent d'orateur a reçu là, en France, une seconde et éclatante consécration : le triomphe de Honfleur s'est renouvelé. Il me comprendra, lorsque j'ajouterai que j'ai ressenti, en l'écoutant, une émotion d'autant plus profonde que, près de moi, n'était plus là celui auquel sa jeune renommée était alors si chère.

Je devrais clore ce livre sur ces nobles paroles. Un mot pourtant. Rien ne m'a été plus agréable que de prolonger, en préparant ces pages pour l'impression, les hautes et fortes émotions que nous avons tous ressenties pendant ces belles journées des 23 et 24 Juillet.

En me détachant de tous ces souvenirs, je veux laisser ici le témoignage de ma gratitude envers mes collègues et amis du Comité Jacques Cartier, pour le grand honneur qu'ils m'ont fait en m'appelant à les présider.

Ils m'ont permis ainsi de nouer avec nos « cousins » du Canada des liens de cordiale sympathie ; ils m'ont donné la joie de poursuivre plus efficacement, grâce à des concours puissants et à des collaborations dévouées, l'exaltation d'une grande mémoire. Je ne sais pas d'œuvre dont on puisse s'enorgueillir davantage.

Que ce livre demeure un témoignage de leur succès et de ma reconnaissance !

ERRATA

Page 10, ligne 12 : était *joint* etc.
Page 28, ligne 19 : *Rhode* Island.
Page 55, ligne 8 : On se lève, et, bien vite, car l'heure presse, etc.
ligne 17 : de *l'*Hôtel de Ville etc.
Page 56, ligne 5 : *Bareau.*
Page 94, ligne 9 : Comme il *courrait* etc.
Page 95, ligne 3 : par Tremblay ; Botrel etc.
Page 97, ligne 11 : avait *reçu* etc.
Page 98, lignes 4 et 21 : *Riéger.*
Page 100, ligne 1 : citons : *M. le Sous-Préfet de Saint-Malo,* M. Rougnon de Mestadier, etc.
Page 134, ligne 11 : M. Fabre Surveyer, *avocat au barreau de Montréal,* etc.
Page 137, au bas de la chanson, ajouter la signature : TH. BOTREL.

Bien que ce livre ne soit qu'un compte rendu des fêtes des 23 et 24 Juillet 1905, et non pas un rapport officiel et financier, il est bon d'y consigner — et m'apercevant que j'ai oublié de le faire, je répare cet oubli — que la *subvention Canadienne*, versée par Théodore Botrel, s'est élevée à la somme de *quinze mille francs.*

Je dois ajouter que l'inscription, qui figure sur le socle de la statue, a été rédigée par M. Charles Turgeon, professeur de droit à l'Université de Rennes. Elle est conçue en ces termes :

Ce monument a été érigé le 23 Juillet 1905,
Charles Jouanjan étant maire de la Ville,
avec le produit des souscriptions recueillies
au Canada par Théodore Botrel
et en France par un Comité Malouin.

TABLE

—

ACHEVÉ D'IMPRIMER

pour l'Hermine

le vingt-cinq Octobre mil neuf cent cinq

par

ARISTIDE LEMERCIER

Imprimeur à Niort

www.ingramcontent.com/pod-product-compliance
Ingram Content Group UK Ltd.
Pitfield, Milton Keynes, MK11 3LW, UK
UKHW020251250726
13967UKWH00004B/1614

9 782012 940239